廚房&陽台都OK
自然栽培的迷你農場

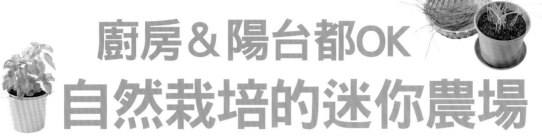

CONTENTS

釘個置物架，集中在一處就很方便管理。放上各種植物，綠色、橘色、茶色等……色彩繽紛，看起來也很賞心悅目。

釘個置物架
當作室內裝飾

貝比生菜、芽菜從栽培到收穫，大約只須短短一個月的時間。使用塑膠杯、牛奶盒等空容器種植也OK。

栽培・裝飾・食用
在家中輕鬆打造
家庭菜園

輕鬆地栽培，享受種菜之樂，
感受收穫的喜悅吧！

市面上也有很多能當室內裝飾、設計大方的大型花盆。找尋符合個人生活品味的花盆、花槽吧！

選購符合
居家生活的
花盆、花槽

收穫就能
料理

一個太空包能迅速長出好幾種的菇類。收穫後曬乾，就能作出味道香濃的自製乾菇。

不使用添加物
安心・安全的食材

室內散發著
清新芳香

栽培收穫後，添加在料理中享用吧！由於是自家栽種，所以很放心。沒有使用其他添加物，是讓人安心的安全食材。

置於廚房的一偶，就能享有滿室的芬芳，想用於料理時，立刻就能收穫。

廚房&陽台都OK・自然栽培的迷你農場

前言

「栽培植物很難」、「沒有庭院，沒辦法種菜⋯⋯」

很多人都有這樣的想法吧！

其實只要稍微改變想法、多花點心思，就能打造出符合你生活的菜園！

最重要的原則是「可以栽種的種類，就種在適合之處；無法栽種的就不要勉強。」

不只是蔬菜，任何植物的栽培都要符合自然天性。

受到天氣與溫度、土與水、蟲害與疾病等各種條件的考驗，

不可能所有菜種都能如願成長，

我們就以簡單、不勉強的態度，站在種子的角度思考，才能享受栽培的樂趣！

本書中，以Column形式淺談漢方與藥膳。

「攝取當令食材」是漢方・藥膳中的基本觀念，栽培蔬菜也有共通之處。

順應大自然，栽培季節性蔬菜，享受觀察其成長的樂趣。

你可以感受著，將收穫的當令蔬菜，配合自己的身心狀況，

加入每天飲食中的喜悅，簡單、不費勁地開始嘗試屬於你自己的廚房&陽台菜園！

作物INDEX

以外觀挑選

將刊載在本書中的植物介紹如下，
植物的分類則以圖標作區分！

香草
朝鮮薊　P.34
©Miran Rijavec

果實
糯米椒　P.63

香草
香芹　P.28

菇類
香菇　P.68

菇類
杏鮑菇　P.69

貝比生菜
菊苣　P.18

果實
豌豆　P.58

果實
秋葵　P.62

香草
奧勒岡　P.33

芽菜
蘿蔔嬰　P.47

香草
咖哩草　P.34

芽菜
綠豆芽　P.49

香草
水芥菜　P.30

貝比生菜
羽衣甘藍　P.14

果實
小蕪菁　P.61

貝比生菜
小松菜　P.11

貝比生菜
沙拉菠菜　P.17

貝比生菜
沙拉水菜　P.10

香草
山椒　P.37

菇類
香菇　P.67

香草
紫蘇　P.32

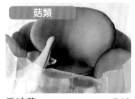
菇類
秀珍菇　P.69

芽菜
白芝麻芽　P.49

貝比生菜
瑞士甜菜　P.16

貝比生菜
香菜　P.21

香草
甜菊　P.33

香草
鼠尾草　P.32

香草
天竺葵　P.38

Reuse
水芹菜　P.41

芽菜
蕎麥芽　P.48

芽菜
黃豆芽　P.48

香草
百里香（檸檬百里香）　P.28

貝比生菜
苦苣　P.19

香草
山蘿蔔葉　P.36

香草
蝦夷蔥　P.29

4

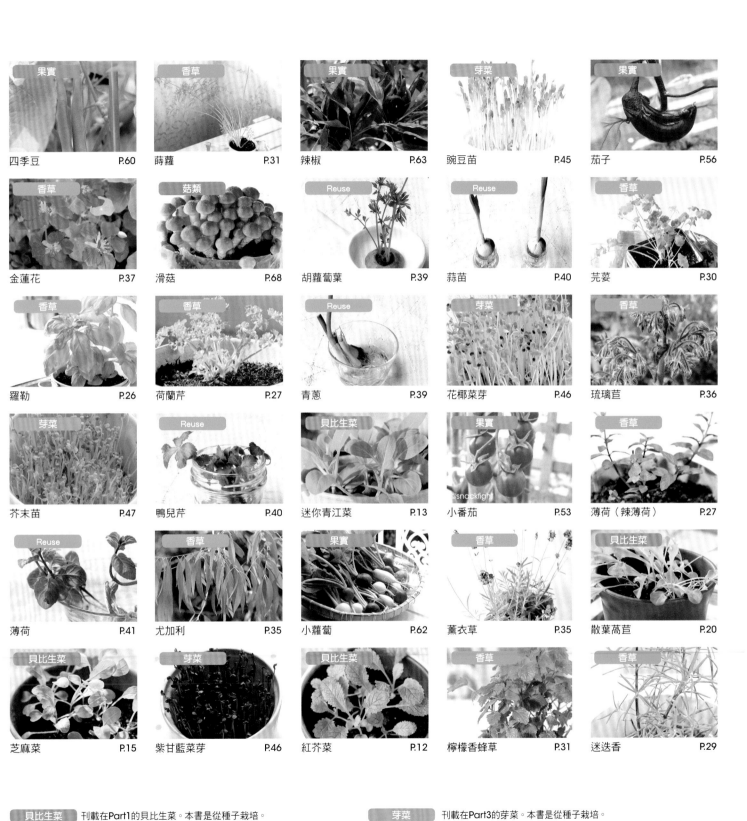

果實 四季豆 P.60	香草 蒔蘿 P.31	果實 辣椒 P.63	芽菜 豌豆苗 P.45	果實 茄子 P.56
香草 金蓮花 P.37	菇類 滑菇 P.68	Reuse 胡蘿蔔葉 P.39	Reuse 蒜苗 P.40	香草 芫荽 P.30
香草 羅勒 P.26	香草 荷蘭芹 P.27	Reuse 青蔥 P.39	芽菜 花椰菜芽 P.46	香草 琉璃苣 P.36
芽菜 芥末苗 P.47	Reuse 鴨兒芹 P.40	貝比生菜 迷你青江菜 P.13	果實 小番茄 P.53	香草 薄荷（辣薄荷） P.27
Reuse 薄荷 P.41	香草 尤加利 P.35	果實 小蘿蔔 P.62	香草 薰衣草 P.35	貝比生菜 散葉萵苣 P.20
貝比生菜 芝麻菜 P.15	芽菜 紫甘藍菜芽 P.46	貝比生菜 紅芥菜 P.12	香草 檸檬香蜂草 P.31	香草 迷迭香 P.29

貝比生菜　刊載在Part1的貝比生菜。本書是從種子栽培。

香草　刊載在Part2的香草、花。本書是從幼苗栽培。

Reuse　刊載在Part2的Reuse蔬菜。本書是從扦插栽培。

芽菜　刊載在Part3的芽菜。本書是從種子栽培。

果實　刊載在Part4的豆類、蔬菜、水果。本書是從幼苗栽培。

菇類　刊載在Part5的菇類。本書是以太空包栽培。

本書的使用方法

本書主要介紹的是，能在廚房或陽台輕鬆栽培的蔬菜、香草。在不同單元中，依植物生長過程、必要環境作區分，並以方便閱讀方式，彙整出重點檢視項目、步驟。一起享受栽培及享用蔬菜的樂趣吧！

❶ 栽培DATA

依植物，載明栽培上不同的必要資訊。

適溫	適合植物生長過程的溫度。注意，直至發芽及發芽之後會有不同的適溫。
環境	依植物不同的適合環境，有的要充分沐浴陽光；有的則喜歡日陰處。為能栽培成功，要在適合的環境栽培。
科別	植物的分類。依照科別，就能大致區分出播種方法、發芽方法等。能事先了解的植物屬性，意外地會成為日後栽種的小知識。
澆水	長出本葉後的給水方式、頻率。依播種、栽種季節會有不同，一邊觀察植物的樣子一邊施予水分。

❷ 栽培Schedule

有栽培Schedule的植物，基本上是一整年都能栽培或短期間就能栽培的蔬菜、香草。對於想馬上找到立刻開始栽種的品種，很有幫助。

❸ 生長日數

清楚可知播種或從幼苗種起，大約多久能達成各項工程的標準天數（植物的生長會因氣候、地域等栽培環境有所不同，是一個大約的標準）。

❹ 關於花盆的大小

植物在栽種程序上適合的花盆尺寸。本書主要使用在廚房周邊、小型陽台就能輕鬆栽培的小型花盆，未特別記述者（Part1），都是使用5號盆。

❺ 生長周期Calendar

蔬菜與香草中，會有播種與栽種僅限於最適當時期者，則會標示適合該植物的栽培時期。

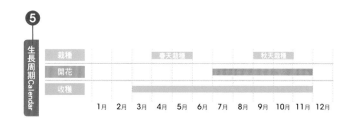

注意事項

- 請以享受種菜的樂趣為目的，使用本書中記述的資訊。植物的生長會依季節、地域、環境（戶外、室內）、栽培場所（日照、通風）等有所不同。栽培時，好好觀察植物來進行。
- 栽種程序相同者，為了方便起見，有時會使用相同圖片、說明文。

（關於芽菜的種子）
用來栽培芽菜的種子，請務必使用標有「芽菜專用」的產品。

（關於種在泥土的種子）
一般所販售的種在泥土的種子，會經過消毒等的藥劑處理。通常是用於專用用途之外的栽培，請不要直接拿來調理食用，也不要用來栽培芽菜。

（關於香草的使用）
依香草的種類，有些是懷孕中的婦女必須慎重使用的，請特別注意。此外，因個人的

體質也有不適合的情況，攝取時先少量嚐試。即使是食用的香草，也會因部分成分不同而不能食用。購買時，請確認印在幼苗標籤上的內容。

（關於肥料）
本書建議施予比規定稀釋比例稀薄的肥料。這是因為為了促進生長，會以定期施予液肥來取代平常的澆水。請充分閱讀所使用的液肥用法，確認清楚倍率之後再稀釋。

（關於農藥）
本書中並未使用因應病蟲害的農藥。

※本書並非醫學書。有關刊載的各品種成分的效果、效用，會有個別差異。患有重症、過敏症狀的人，要向醫師諮詢後使用，並謹慎攝取。身體感覺異常時，就停止使用，並接受醫師的診療。

Part 1

從種子種起的貝比生菜

只要有種子・水・土壤三項基本材料，就能種植貝比生菜。

由於栽種容易、短期就能收獲，特別推薦給新手。

以5號小型花盆就能栽種，非常方便。

只要是花盆的比例變大，植物就會長大，

所以換盆能讓生菜長得很大。

栽培幼嫩、長得很健康的貝比生菜的樂趣，請務必試試。

栽培必要的用品・工具　　介紹栽培幼嫩的貝比生菜必要的用品及適用的工具。

種子

以顏色、皺褶
判斷種子的好壞

建議先選擇包裝上印有貝比生菜種子的字樣者，這樣以小花盆也很容易栽培。購買時要確認是否是適合自家環境的種類。有混入與其他種子完全不同顏色或皺褶的種子，就可能很難發芽。

土壤

培養土過篩，
分出粗細不同的培土

基本上，只要使用蔬菜專用的培養土就OK。如本書般使用3號至5號盆時，將培養土過篩分出粗細不同的土，粗的土放在盆底就可用來取代盆底石，而不用另外購買盆底網、盆底石。

噴霧壺

澆水要以細的噴霧
溫柔地澆水

播種後，若種子被移動，可能會造成生長緩慢。不要因澆水不當而使小小的種子流動，請以噴霧器溫柔澆水。細嫩的莖、葉容易傾倒，所以發芽後的澆水也同樣使用噴霧壺。也可以醬料瓶取代噴霧壺。

**肥料
（液肥）**

要植物生長，
就要追肥、給予營養

伴隨著成長，植物會不斷吸取土壤的養分。當感嘆葉子的顏色變黃，或植物長不大時，就施予本書提到的液體肥料。以3號至5號盆栽培時，就要施予比調整稀釋比例更稀薄的液肥，並取代水。

播種方法　　本書中介紹的播種分法有兩種，要採用哪一種，會依植物的特性而不同。

散撒播種

小又輕的種子
輕柔地散撒

在充分濕潤的土上，以拇指與食指抓一小撮種子，輕柔地撒在上面的播種方法。為免發芽時，芽苗混在一起，種子要不重疊地撒落。菊科、繖形花科、十字花科等多半使用此方法。

剩下的種子
裝在密封保存袋裡

未播種完的種子，還想存放一段時間時，需要低溫、低濕保存，以維持其發芽能力。和乾燥劑一起裝在能密封的袋子裡，放入冰箱蔬果室（5至10℃）裡存放。

點狀播種

較大粒的種子
一處種一粒

在充分濕潤的土上，間隔適當的距離（5號盆種8至10粒）分別一處撒一粒種子的方法。也可以竹籤等溫柔地將種子壓入1cm左右再覆蓋泥土。藜科等稍大粒的種子就可使用此方法。

從發芽經一個月左右就能收穫的貝比生菜，就像養育嬰兒一般，
為了充分活化種子的生命力，需要準備事前作業。整理好環境，植物就容易生長。

適合栽培的環境　依不同的植物，發芽時與發芽後，放置花盆的場所也不同。

直至發芽

植物的種子，有好光性與嫌光性之分。好光性種子是沒有光線就發不出芽的類型，請放在明亮處。嫌光性種子則是從播種到發芽，要盡量避開光線，請放在陰涼處或以報紙等遮擋光線。為避免悶熱，亦不可密不通風。

生長之後

貝比生菜喜歡明亮之處。其中依種類，還可分為喜歡日照良好處者，及喜歡穿透窗簾的光線等半日曬者。在室內栽培時，要依窗戶的位置、陽光的移動來調整照到光線的位置，以確保其日照狀況。

好光性

嫌光性

以液體肥料追肥　本書中貝比生菜的追肥是施予稀釋的液肥。

作法

1 確認液體肥料的稀釋比例。要調淡時，例如：使用空的2L保特瓶，就以液肥原液比1.5L的水。

2 在步驟❶中，裝入2L分量的水。搖晃保特瓶充分混勻。

3 使用調味瓶當作施液肥的容器，就很容易澆在植株基部，非常好用。可剪掉瓶尖，自由決定開口的大小。

4 為保持容器的清潔，一次只裝入會用完的分量。

施肥方法

澆淋液肥時，要盡量整個植株基部的泥土都澆到。

取代澆水時
液肥不可過量

由於貝比生菜能短期間內收穫，所以不一定要追肥。不過，生長得不好時就代表土中營養的均衡不佳，請施予比規定稀釋比例還稀薄的液肥取代水。

沙拉水菜

不用肥料、只要澆水就能種的沙拉水菜，因而得名，這也是新手容易栽種的蔬菜。在生長過程中，會一下子從圓形雙子葉突然長成細長的鋸齒狀本葉。吃起來的味道清淡，口感爽脆是其魅力所在。

栽培DATA

適溫	發芽：15 至 20℃　生長：15 至 25℃
環境	通風良好、涼爽處、涼爽處
科別	十字花科
澆水	土表變乾燥時

〔栽培 Schedule〕

播種	發芽	本葉	生長期	收穫
0日	3日	7日		25日～

栽培訣竅　為冬天盛產的蔬菜，所以不耐高溫和悶熱。盛夏時要避免直接照射陽光，並注意不要積水。

1　播種

使濕潤的泥土表面凹凸不平，將種子不重疊地撒入。薄薄覆蓋一層泥土，以噴霧壺溫柔地澆水。為遮光和預防乾燥，蓋上報紙。

2　移至明亮處

長出雙子葉時，就要移動到明亮的位置。土變乾時，要澆水澆到水會從盆底滲漏出來的程度。

3　間拔

葉子混雜在一起時，就要隨時間拔掉生長得不好的植株。為免傷到剩下的植株根部，要溫柔地拔除。

4　增土

進行間拔後，植株基部會鬆動，因此要添加新土。若使用塑膠匙等工具會比較方便。

5　追肥

本葉長出 3 至 4 片時，約一週一次，施予比規定稀釋比例還稀薄的液肥來取代澆水。

6　收穫

本葉增長到 5 至 6 片時，依序從外側葉片採收。只要保留植株基部來收穫、追肥，就能再次促進生長。

生長速度快，不易失敗！

小松菜

推薦料理

中式湯品的浮料

不論是燙的、炒的、煮湯或燉煮，都能作出好吃料理的葉菜。盛產期是冬天，但也耐熱，只要在能良好照得到陽光的場所，一整年都能栽培。生長速度快，因此任何時候都能嚐到新鮮的青菜。

栽培DATA

適溫	發芽：15 至 20℃　生長：20 至 25℃

環境	日照良好的場所、冬天不會變低溫的場所

科別別	十字花科別	澆水	土表變乾燥時

〔栽培 Schedule 〕

播種　發芽　本葉　　　　生長期　　　　　收穫

0日　　3日　　7日　　　　　　　　　25日～

栽培訣竅　小松菜容易被蚜蟲、青蟲等害蟲侵害。就算放在室內也容易發生，尤其春夏之間要注意。

0日

1 播種

使濕潤的泥土表面凹凸不平，將種子不重疊地撒入。薄薄覆蓋一層泥土，以噴霧壺澆水。為遮光和預防乾燥，蓋上報紙。

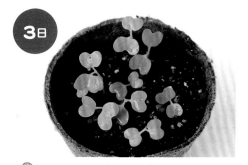

3日

2 移至日照良好之處

發芽之後拿掉報紙，移動到日照良好的場所。土變乾燥時，就充分澆水。

7日

3 間拔

葉子混雜在一起時，就要間拔掉長得不好的植株。不容易從根部拔除時，建議使用剪刀。

7至10日

4 增土

若反覆進行間拔，植株基部會鬆動，因此要添加新土。若使用塑膠匙會比較方便。

10至24日

5 追肥

本葉長大時，約兩週一次，施予比規定稀釋比例稀薄的液肥來取代澆水。

25日後

6 收穫

本葉增長到5至6片時就收穫。依序從外側以剪刀剪取，或等長大後連植株一起拔下來。

紅芥菜

推薦料理

三明治

常作為辛香料的紅芥菜，葉子的紅色會隨著生長變濃，辛辣味也會增加。通常夾在三明治裡當生菜，或稍微燙過後作成燙拌青菜，作成各種菜餚來品嚐。

栽培DATA

適溫	發芽：20℃左右　生長：15 至 25℃
環境	日照良好的場所
科別	十字花科
澆水	土表變乾燥時

〔栽培 Schedule〕

播種　發芽　　　本葉　　　生長期　　　　收穫
0日　　3日　　　10日　　　　　　　　　　　25日～

栽培訣竅　不耐乾燥，要勤快地澆水。種子若多撒一點，就可愉快品嚐到收穫前間拔的菜。

1 播種
使濕潤的泥土表面凹凸不平，將種子不重疊地撒入。薄薄覆蓋一層泥土，以噴霧壺溫柔地澆水。為遮光和預防乾燥，覆蓋報紙。

2 移至日照良好處
3至5日就會長出微紅的子葉。這時要移動到日照良好的場所，且不要忘了澆水，以免乾燥。

3 間拔
葉子混雜在一起時，就要隨時拔掉長得不好的植株。由於是很細膩的作業，建議使用剪刀。

4 追肥
本葉長出3至4片時，約兩週一次，施予比規定稀釋比例稀薄的液肥。因日照和溫度，葉子顏色會改變。

5 間拔＆收穫
將重疊的葉子、長得不好的植株採摘下來，隨時進行間拔，順便收穫。間拔後，為避免植株鬆動，就要增土。

6 收穫
本葉增長之後，就從外側以剪刀剪取、收穫。

迷你青江菜

口感清脆，適合炒菜

推薦料理

涼拌巴薩米克醋
生鮮拌義大利麵

能長到10cm左右、手掌大尺寸的青江菜。迷你版則有可愛、柔嫩的圓葉，及微微的甜味。由於肉厚、咬勁十足，所以可品嚐到與一般尺寸的青江菜，有點不一樣的味道與口感。生長速度快，是一整年能夠栽培、令人欣喜的品種。

栽培DATA

適溫	發芽：15 至 20℃　生長：20 至 25℃

環境	在日照良好的室內也 OK

科別	十字花科	澆水	土表變乾燥時

〔 栽培 Schedule 〕

播種	發芽	本葉	生長期	收穫
0日	3日	7日		25日～

栽培訣竅 容易栽培得健壯，所以推薦給新手。不耐乾燥，因此要充分澆水。

1 播種

使濕潤的泥土表面凹凸不平，將種子不重疊地撒入。薄薄覆蓋一層泥土，以噴霧壺溫柔地澆水。為遮光和預防乾燥，覆蓋報紙。

2 移至日照良好處

發芽之後，就要移至日照良好的場所。日光不足就會徒長，請特別留意。

3 間拔

葉子混雜在一起時，隨時間拔掉長得不好的植株。為免傷到剩下植株的根，要溫柔地拔除。

4 增土

間拔之後要補足泥土，防止植株基部的鬆動。若使用塑膠匙會比較方便。

5 追肥

大約兩週一次，施予比規定稀釋比例稀薄的液肥來取代澆水。

6 收穫

長到10cm左右時就可收穫。先生吃看看，品嚐一下嫩青江菜卡滋卡滋的清脆咬勁和甜味。

聞名於世的青汁原料，是高麗菜的原種
羽衣甘藍

含有維生素‧礦物質、食物纖維等營養素的羽衣甘藍，是經常用來製作青汁、蔬菜汁的原料。具有獨特的苦味，但貝比羽衣甘藍沒那麼重的苦味，所以很適合作成沙拉。

栽培DATA

適溫	發芽：15至20℃　生長：15至25℃
環境	日照良好的場所、冬天要放在室內
科別	十字花科　　澆水　土表變乾燥時

〔 栽培 Schedule 〕

播種	發芽	本葉	生長期	收穫
0日	3日	7日		25日～

栽培訣竅 就算第一次栽種也不易失敗的蔬菜。不耐低溫，因此要在日照良好的場所栽培。

1 播種
使濕潤的泥土表面凹凸不平，將種子不重疊地撒入。薄薄覆蓋一層泥土，以噴霧壺溫柔地澆水。

2 移至日照良好處
發芽之後，移至日照良好的場所。土變乾燥時，就充分澆水。

3 間拔
葉子混雜在一起時，就進行間拔。不容易從根部拔除時，建議使用剪刀。

4 增土
間拔之後要補足泥土，防止植株基部的鬆動。若使用塑膠匙會比較方便。

5 追肥
本葉長出3至4片時，為促進生長約兩週一次，施予比規定稀釋比例還稀薄的液肥來取代澆水。

6 收穫
本葉增長到5至6片時，就依序從外側以剪刀採收。保留植株基部收穫，只要追肥就能收穫好幾次。

義大利料理不可欠缺的芝麻風味蔬菜

芝麻菜

芝麻菜的特徵是有近似芝麻的風味及刺激的辛辣味。連間拔掉的葉子,都有非常濃的芝麻味。多播種一些種子,一邊享用間拔的蔬菜一邊栽種吧!容易種得健壯,一整年都能採收,放一盆在廚房會很方便。

栽培DATA

適溫	發芽:15 至 20℃　生長:15 至 25℃
環境	日照良好的場所,夏天避免陽光直射
科別	十字花科
澆水	土表變乾燥時

〔栽培 Schedule〕

播種	發芽	本葉	生長期	收穫
0日	3日	7日		30日~

栽培訣竅　若日照太強烈,葉子就會變硬、風味變差。注意避免陽光直射,不要缺水。

0日

1 播種
使濕潤的泥土表面凹凸不平,將種子不重疊地撒入。薄薄覆蓋一層泥土,以噴霧壺溫柔地澆水。

3日

2 移至日照良好處
長出心形嫩芽時,移至日照良好的場所。土變乾燥時,就以噴霧壺澆水。

7日

3 間拔
生長後會開始長出很多的葉子。當葉片疊在一起時,就以剪刀修剪、進行間拔。

7至10日

4 增土
間拔之後,植株基部會鬆動,請補足泥土,以鞏固植株。以塑膠匙進行增土會比較方便。

10日後

5 追肥
本葉長出3至4片時,約兩週一次,施予比規定稀釋比例稀薄的液肥來取代澆水。

One Point Advice

只要保留植株基部
就能享受數次收穫的樂趣

收穫時,建議保留植株基部。從植株基部長出新的芽,就能收穫好幾次。大概兩週施予一次的液肥來取代澆水,就能促進生長。

多彩的配色，使廚房變華麗

瑞士甜菜

推薦料理

鹽漬
韓式拌菜

瑞士甜菜的莖，依品種分為黃色、紅色、粉色，色彩相當豐富。與綠色的葉子形成鮮明的對比。發芽時就會微微變色，因此要均衡進行間拔。不太有澀味，生吃也很美味。

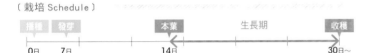

栽培DATA

適溫	發芽：25℃左右　生長：20 至 25℃
環境	日照良好的場所、也可放在有陽光穿透窗簾等明亮的日陰處
科別	藜科	**澆水**	土表變乾燥時

〔 栽培 Schedule 〕

播種　發芽　　　　　本葉　　生長期　　　收種
0日　7日　　　　　14日　　　　　　　30日～

栽培訣竅　放在日照良好的場所。注意勤快地澆水，避免土的表面變乾燥。

1　播種
在濕潤的泥土上有間距地一處放一粒種子，以竹籤壓入5mm左右後覆蓋泥土，以噴霧壺澆水。

2　移至日照良好處
3至6日左右發芽後，移至日照良好的場所。

3　間拔
葉子混雜在一起時，間拔掉長得不好的植株。間拔摘下來的葉子，也可利用作成沙拉。

4　增土
間拔之後，為免植株基部鬆動，要補足泥土。

5　追肥
本葉長大後約兩週一次，施予比規定稀釋比例稀薄的液肥來取代澆水。

6　收穫
葉子數量增加時，就以剪刀從外側依序收穫。

不太有澀味，生吃也很美味

沙拉菠菜

幼嫩的沙拉菠菜，也含有維生素、鐵和鈣。因此不用汆燙、直接生吃，才能攝取到完整的營養。沙拉菠菜不耐熱，請注意溫度的管理。

栽培DATA

適溫	發芽：15 至 20℃左右　生長：15 至 20℃
環境	通風良好、陰涼的場所
科別	藜科
澆水	土表變乾燥時

〔栽培 Schedule〕

播種		發芽		本葉	生長期	收穫
0日		7日		14日		30日～

栽培訣竅　屬於冬天蔬菜，所以不耐暑熱。要在通風良好的場所栽培。土變乾燥時，就要充分澆水至水會從容器底滲漏出來的程度。

1 播種

在濕潤的泥土上保持間距地一處放一粒種子，以竹籤壓入5mm左右後覆蓋泥土，以噴霧壺澆水。

2 移至日照良好處

長出細長的雙子葉後，移至日照良好的場所。

3 間拔

間拔掉重疊、混雜在一起的葉子，或長得不好的植株。藉由間拔，可使日照、通風變良好。

4 增土

間拔後或本葉生長後，若植株基部鬆動時就要增土，使植株穩固。

5 追肥

本葉長齊後，約兩週一次，施予比規定稀釋比例稀薄的液肥來取代澆水。

6 收穫

葉子長到10cm左右時，就是收穫時期。若種太久，葉子會變硬，請不要錯過採收時機。

推薦料理
涼拌鹽昆布
醃漬

微苦味會令人上癮？

菊苣

與不結球的散葉萵苣屬同類，具獨特的苦味。嫩葉階段有微微的苦味，隨著成長，苦味會變重。不只是菊苣，萵苣類都是發芽時需要光線的「好光性種子」。若陰暗會發不出芽，因此播種後的覆土，只要薄薄的一層。

栽培DATA

適溫	發芽：15 至 20℃　生長：20 至 25℃

環境	有陽光穿透窗簾等明亮處或半日照的涼爽處

科別	菊科	澆水	土表變乾燥時

〔 栽培 Schedule 〕

播種 ─ 發芽 ─ 本葉 ─── 生長期 ─── 收種
0日　　5日　　10日　　　　　　　30日～

栽培訣竅 散葉萵苣類的特徵，就是不耐熱和乾燥。盛夏時，要避免陽光直射。

0日

1 播種
使濕潤的泥土表面凹凸不平，撒入種子。以湯匙背面輕輕整理，薄薄覆蓋泥土到看不見種子的程度，以噴霧壺澆水。

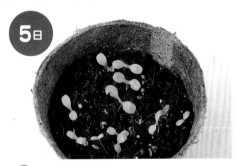

5日

2 小心地澆水
長出子葉後，移至日照良好的場所。冬天時，建議只到發芽為止的期間輕輕覆蓋保鮮膜，進行保溫與乾燥對策。

6至10日

3 間拔
從葉子混雜處，進行間拔。間拔若使用剪刀或小鑷子，就不會傷到其他植株。

10日後

4 增土
間拔之後，若植株基部有所鬆動，就要增土。由於不耐乾燥，請充分給水。

10日後

5 追肥
大約一週一次，施予比規定稀釋比例稀薄的液肥來取代澆水。

30日後

6 收穫
葉子長到6至7cm時就可收穫。從外側的葉子收穫，只採摘需要的分量。

具獨特苦味，歐洲原產的多年草本植物

苦苣

推薦料理
馬鈴薯沙拉
鋪放起司上

特徵和菊苣一樣，帶微苦味的菊科蔬菜，和名是「菊苦菜」。葉子的外形細長且優美，加在沙拉等具存在感。不耐高溫多濕，請在避免陽光直射、通風良好且涼爽的場所栽培。

栽培DATA

適溫	發芽：15 至 20℃　生長：20 至 25℃
環境	有陽光穿透窗簾等明亮處或半日照的涼爽處
科別	菊科
澆水	土表變乾燥時

〔栽培 Schedule〕

播種　　　　發芽　　　本葉　　生長期　　　　收穫
0日　　　　7日　　　14日　　　　　　　30日～

🌱 **栽培訣竅** 只要溫度高，發芽率就會變差。要注意避免陽光直射、不乾燥地栽培。

0日

1 播種
使濕潤的泥土表面凹凸不平，撒入種子。以湯匙背面輕輕整理，薄薄覆蓋泥土到看不見種子的程度，以噴霧壺澆水。

7日

2 移至明亮的位置
長出子葉後，移至明亮的位置。冬天時，建議在發芽前輕輕覆蓋保鮮膜，進行保溫與乾燥對策。

14日

3 開始冒出本葉
當土變乾燥時，要溫柔地充分給水。

14至20日

4 小心進行間拔
當葉子數量增加、混雜在一起時，以手指採摘容易折斷植株，請以竹籤輕壓，使植株基部露出來，以小鑷子進行間拔。

21至30日

5 增土
生長期間進行間拔後，為免植株基部鬆動，就要增土。由於不耐乾燥，請充分給水。

30日後

6 追肥・收穫
一週追肥一次，施予比規定稀釋比例稀薄的液肥來取代澆水。長到10cm左右時，就隨時採收。

散葉萵苣

推薦料理
越南式三明治

和菊苣一樣，屬於非結球型的萵苣。生長速度快，推薦給第一次栽種蔬菜的人。不耐夏天的高溫，請在通氣性良好的地方栽培，並注意不要缺水。味道清淡，與其他食材相搭，容易運用在料理上的品種。

栽培DATA

適溫	發芽：20℃　生長：20 至 25℃
環境	有陽光穿透窗簾的明亮、通風良好的場所
科別	菊科
澆水	土表變乾燥時

〔栽培 Schedule〕

播種　發芽　本葉　　　生長期　　　收穫
0日　　5日　　10日　　　　　　　　30日～

🌱 **栽培訣竅**　發芽時是需要陽光的「好光性種子」，因此重點是播種後覆蓋的泥土要非常的薄。

1 播種

使濕潤的泥土表面凹凸不平，撒入種子。以湯匙背面輕輕整理，薄薄覆蓋泥土到看不見種子的程度，以噴霧壺澆水。

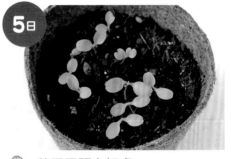

2 移至日照良好處

長出雙子葉後，移至日照良好的場所。冬天時，建議在發芽前輕輕覆蓋保鮮膜，進行保溫與乾燥對策。

3 間拔

葉子混雜在一起時，就要間拔掉生長得不好的植株。

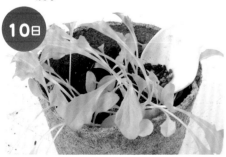

4 增土

間拔之後，為免植株基部有所鬆動，就要增土，並充分澆水至水會從容器底流出來的程度。

5 追肥

本葉長齊時，大約一週一次，施予比規定稀釋比例稀薄的液肥來取代澆水。

6 收穫

本葉長大後，就以剪刀從外側的葉子修剪收穫。保留植株基部，只要追肥就能再次收穫。

特有的香味可引起食欲！

香菜

推薦料理
義式蔬菜湯
中式涼麵

芹菜就是改良自香菜，使其莖、葉變粗大者。乍看之下，很像香芹，但風味更近似芹菜。特有的香味中含有可增進食欲、具放鬆效果的成分。若加在沙拉、湯中，香味會很鮮明。

栽培DATA

適溫	發芽：15 至 20℃　生長：15 至 20℃
環境	明亮、通風良好的場所
科別	繖形花科
澆水	土表變乾燥時

〔栽培 Schedule〕

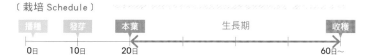

播種　發芽　本葉　　　生長期　　　收穫
0日　10日　20日　　　　　　　60日～

栽培訣竅 溫度一高，就很難發芽。夏季時，要放在半日照等涼爽處直至發芽。

1 播種
使濕潤的泥土表面凹凸不平，撒入種子。以湯匙背面輕輕整理，薄薄覆蓋泥土到看不見種子的程度，以噴霧壺澆水。

2 移至明亮處
發芽後，移至日照良好的場所。為避免種子流動，要以噴霧壺進行澆水。

3 間拔
隨時間拔掉長得不好的芽、疊合在一起的葉子。間拔下來的葉子可嘗試作成湯或沙拉的裝飾。

4 增土
間拔之後，為避免植株基部有所鬆動，就要增土。若使用塑膠匙會比較方便。

5 追肥
本葉長出4至5片時，約兩週一次，施予比規定稀釋比例稀薄的液肥來取代澆水。

6 收穫
植株高度長到10cm左右，就以剪刀依序採收。留下植株基部，只要追肥就能享有收穫好幾次的樂趣。

不進行間拔
以散撒播種的方式
栽種蔬菜

混合好幾種貝比生菜的種子，以散撒播種方式栽種。例如：將小松菜、芝麻菜……十字花科的種子，與散葉萵苣等菊科的種子一起播種，將好光性與嫌光性混在一起，適合栽培環境的種子就會發芽。

此外，若將迷你青江菜、紅芥菜、沙拉水菜等同屬十字花科種子一起播種，就會長出形形色色的葉子，享受觀賞的樂趣。這樣就能不在意播種方式、覆蓋泥土的量，輕鬆地栽培。

剩下的種子MIX播種！

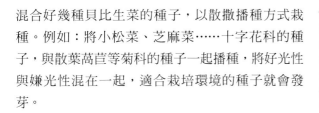

1 適應環境的種子會先發芽

適應溫度、放置場所等環境的種子，會更早發芽、生長。以散撒播種方式，即使芽混在一起也不用太在意，就這樣看著它們生長。

2 澆水要以噴霧壺溫柔地噴灑

當土變乾時，就要充分澆水。本葉長出3至4片後，就施予比規定稀釋比率還稀薄的液肥來取代澆水。

3 本葉混雜在一起時就可收穫

從本葉混雜在一起處，採摘貝比生菜。留下植株基部，只要追肥，約兩週左右就會長出新的葉子，就能再採收。

會長出什麼樣的貝比生菜呢？真令人期待！

從幼苗＆莖葉扦插栽種的香草・蔬菜

在廚房、陽台設置一個花盆就能種植香草，非常方便。

只要稍微碰觸，芳香就會飄揚滿室。

若放在廚房，料理時就能馬上採摘使用。

以下要推薦的是，可以輕鬆從幼苗種起的香草。

若是使用蔬菜或香草切段的扦插栽培法，

也能更簡單地享受菜園的樂趣。

栽培幼苗的工具・栽培方法

🏠 栽培必要的用品・工具　　能從幼苗種起的香草，以下介紹必要的用品及適用的工具。

幼苗

選擇幼苗時，建議選無花芽、葉與葉之間的節結實者。要避免買到莖徒長者。

土壤

準備蔬菜・香草用的培養土。其中，有均衡搭配植物必要的養分，也有添加基肥的培養土，能輕鬆開始栽培。

噴霧壺

給植物澆水時，以噴霧壺噴灑。可直接對植株基部澆水，所以很方便。當土的表面變乾燥時，就要澆水。若是比較喜歡乾燥的品種，就要注意不要給太多的水。

肥料（液肥）

香草多半都能健壯地栽培，因此沒必要頻繁地施肥。植株沒精神或生長慢時，就施予液態肥料或固態肥料。本書中都是施予比各廠商規定的稀釋倍率更稀薄的液態肥料。

🏠 有關幼苗的選擇　　以下介紹購買幼苗時應注意的要點。

依植物的直立性與匍匐性作選擇

依蔬菜、香草的品種，可分為直立性（莖筆直往上伸展者）與匍匐性（莖攀爬在地面般伸展者）。同品種中也可分為直立性與匍匐性，因此要在購買前作確認。建議依栽培的環境選擇，例如，會頻繁移動時就選直立性，若想在陽台上以吊盆栽種時就選匍匐性。

關於植物的品種

薄荷、薰衣草等一般的稱法，其實是統稱，薄荷中還有綠薄荷、涼薄荷等不同品種。栽培方法基本上沒太大不同，但購買幼苗時要確認品種的不同。

直立性

匍匐性

綠薄荷（薄荷）

涼薄荷（薄荷）

錦毛薰衣草（薰衣草）

檸檬尤加利（尤加利）

香草可用來作菜、泡茶、製成撲撲莉陶罐,有各種運用方式。
大部分的香草繁殖力強、耐乾燥,容易栽培,所以推薦給忙碌的人及栽培新手。

🏠 關於栽種的土壤　以下介紹基肥的混合方法,及能活用於稍大型花盆的土壤製作方式。

以5號盆(直徑15cm)為例。

鋪上切割得比盆底穴稍大一點的盆底網。再鋪放盆底石直至看不見盆底網為止。

在其他容器中,將基肥加入培養土裡混勻。

以花土鏟等將步驟3放入花盆裡。後續的幼苗栽種方法,請參考P.78。

🏠 栽種後的照顧　追肥要依季節作調整,一整年施予較稀薄的液肥。

在半日照處保管後移至明亮的位置

進行幼苗的種植後,為使泥土與幼苗好好彼此適應,建議靜置在半日照處二至三天。也有喜歡半日照環境,或一栽種就需要陽光的品種,所以請參考各品種的栽種步驟。

根竄出盆底後就要將幼苗移植

細長的根開始從盆底竄出時,就是移植的徵兆。代表盆裡已長滿根,生長空間變狹窄的狀態。移植時,勿弄傷根部。

🏠 收穫與摘芯・插枝(插枝苗)　介紹推薦的收穫法,及藉由摘芯、活用莖的方法。

收穫

葉子數量增加、混雜在一起時,就要準備採收。若使用園藝用剪刀、廚房剪刀,就能不傷到幼苗地採收。請避免用力地拉拔,可能會導致植株受傷。

摘芯

摘芯就是摘除莖尖端長出來的芽、增加側芽,使枝葉長得繁茂、長出良好果實的工程。藉由摘芯也能增加收穫量。

以插枝來增加植株

繁殖力強的植物中,有的以摘芯所摘下來的枝苗插在水裡就能長出根。長出根之後,就可以水耕栽培或種在土裡,享受栽培的樂趣。

薄荷、羅勒、水芥菜等都能以插枝栽種。

25

羅勒

羅勒可直接撒在沙拉、義大利麵、披薩上，享受新鮮的風味。家裡只要有一盆，隨時都能採摘使用，非常方便。摘除枝葉頂的嫩葉，就會不斷長出側芽，所以可反覆收穫。到開花前，羅勒的葉子都很幼嫩且香味十足。

栽培DATA

適溫	20 至 25℃
環境	日照良好的場所，夏季要避免陽光直射
科別	紫蘇科
澆水	土表變乾燥時充分澆水

生長周期Calendar

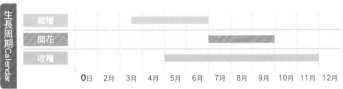

	0日	2月	3月	4月	5月	6月	7月	8月	9月	10月	11月	12月
栽種												
開花												
收穫												

🌱 **栽培訣竅** 不耐寒。注意栽種環境不要變低溫。由於生長旺盛，以兩週一次液肥來補充營養，也不要忘了澆水。

本書使用4號盆

1 種入花盆（參考P.78）

從塑膠盆取出幼苗，種入花盆裡。充分地給水二至三日，暫時置於半日照處。

3日

2 移至日照良好處

移至日照良好的場所。當土表變乾燥時就澆水，以免太過乾燥。

長到20cm左右時

3 進行摘芯

植株高長到20cm左右時，進行摘芯，摘掉莖尖端的部分。藉由摘芯，能長出側芽、增加葉子數量。

葉子的顏色變淺時

4 追肥要兩週進行一次

土的表面乾燥時，要充分澆水。約兩週一次，施予比規定稀釋比例還稀薄的液肥來取代澆水。

開花前

5 收穫

葉子長得相當茂盛時就收穫。由於開花前的葉子，香氣會很柔和，所以建議在開花前採收。

6 插在水裡會長根

將摘芯下來的羅勒的莖插在水裡，一週左右就會長出根部。水要每天替換。

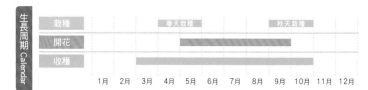
在充滿清涼感香味的圍繞下，心情也變清爽

薄荷（辣薄荷）

推薦料理

薄荷冰淇淋

本書使用4號盆

在日本，薄荷自古以來就被稱為Hakka，是眾所皆知的香草。種類有辣薄荷、綠薄荷、香橙薄荷等，相當豐富。為防止盆裡長滿根，當根從盆底竄出時，就要換成較大的容器。夏天結束時，若從植株基部切除，到了變涼的秋天就會冒出新芽。

栽培DATA

適溫	15 至 25℃
環境	半日照處，日照良好、明亮的位置
科別	紫蘇科　　澆水　土表變乾燥時充分澆水

生長周期 Calendar

			春天栽種		秋天栽種	
栽種						
開花						
收種						

1月 2月 3月 4月 5月 6月 7月 8月 9月 10月 11月 12月

🌱 栽培訣竅

繁殖力強，所以不要與其他種類的薄荷混合種在一起。

1 種入花盆（參考P.78）

從塑膠盆取出幼苗，種入花盆裡。充分給水至水會從盆底流出來的程度，置於日陰處使幼苗休養。

2 移至通風良好、明亮的位置

移至通風良好、明亮的位置。幼苗成長、葉子數量增加時就能收種。

3 開花前摘芯·收種

一旦開花，葉子就會變硬，在開花前進行收種。從尖端切下10cm左右的莖，摘芯順便收種。所採收的葉子，就能簡單用在香草茶、料理的裝飾等。

新鮮的香草，使每天都多彩多姿

荷蘭芹

推薦料理

乾燥荷蘭芹葉
香草奶油

本書使用4號盆

荷蘭芹含豐富的鈣、鐵、食物纖維、維生素等，多半用來裝飾料理，扮演配角的形象比主角還鮮明。為了每天健康的生活，想活用在各種料理中。當葉子混雜在一起時，就從外側進行收種。

栽培DATA

適溫	15 至 20℃
環境	夏季在明亮、半日照處，冬天則在日照良好、溫暖的場所
科別	繖形花科　　澆水　土表變乾燥時充分澆水

生長周期 Calendar

			春天栽種		秋天栽種	
栽種						
開花						
收種						

1月 2月 3月 4月 5月 6月 7月 8月 9月 10月 11月 12月

🌱 栽培訣竅

由於根會長得很深，移植時要避免底淺的花盆。趁幼苗小時栽種，根會長得很直，生長得很健壯。

1 種入花盆（參考P.78）

從塑膠盆取出幼苗，種入花盆裡。充分給水至水會從盆底流出來的程度，置於日陰處使幼苗休養。

2 移至明亮的位置

移至明亮的位置。生長期須要大量的營養，所以兩週一次，施予比規定稀釋比例還稀薄的液肥，或給予速效性的固態肥料。

3 開花前收種

花未開時，視生長情況從外側的葉子連莖一起摘取。鮮豔綠色很美麗，微微香氣也令人愉悅，推薦作為廚房的裝飾。

香芹

扁平葉子和清爽香氣是特徵

推薦料理

香草麵包粉烤鮭魚

本書使用4號盆

平葉的香芹，不同於皺葉香菜。雖然香味較濃，但沒有澀味，是用處很廣的香草。含維生素、礦物質等營養價值高，葉子和莖都能入菜。收穫時，從外側的葉子連莖一起採摘。若常保留十片左右的葉子，就能長期享受收穫的樂趣。

栽培DATA

適溫	15 至 20℃
環境	夏季在明亮、半日照處，冬天則在日照良好、溫暖的場所
科別	繖形花科
澆水	土表變乾燥時充分澆水

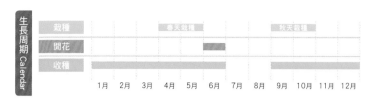

生長周期 Calendar												
栽種				冬天栽種					秋天栽種			
開花						▬						
收穫		▬▬▬▬▬▬							▬▬▬▬▬▬			
	1月	2月	3月	4月	5月	6月	7月	8月	9月	10月	11月	12月

栽培訣竅

不耐夏天高溫。避免陽光直射，土的表面乾燥時就充分澆水。

1 種入花盆（參考P.78）

從塑膠盆取出幼苗，種入花盆裡。充分給水至水會從盆底流出來的程度。之後置於日陰處二至三日休養。

2 移至明亮的位置

移至明亮的位置。為免悶熱，混雜在一起的葉子要進行間拔順便收穫。追肥是大約兩週一次，施予比規定稀釋比例稀薄的液肥。

3 開花前收穫

未開花時，視生長情況，從外側的葉子收穫。除了盛夏時期之外，都是適當的收穫時期。

百里香（檸檬百里香）

清爽的香氣，一整年都能享用

推薦料理

生鮮沙拉
香草醋

本書使用3號盆

除了增加料理的香味之外，也可用於香草茶、沙拉。種類很多，有檸檬百里香、銀斑百里香等，各有不同的葉子、花、香氣。

栽培DATA

適溫	15 至 20℃
環境	在日照良好的場所，環境管理上要有點乾燥
科別	紫蘇科
澆水	葉子或莖無精打彩，土表變乾燥時，就澆水至水會從盆底流出來的程度，但不可連日澆水

生長周期 Calendar												
栽種				冬天栽種					秋天栽種			
開花					▬▬▬				▬▬			
收穫	▬▬▬▬▬▬▬▬▬▬▬▬▬▬▬▬▬▬▬▬▬											
	1月	2月	3月	4月	5月	6月	7月	8月	9月	10月	11月	12月

栽培訣竅

不耐高溫多濕。梅雨前割除葉子，順便收穫，也使通風良好。栽培環境管理上，要有點乾燥。

1 種入花盆（參考P.78）

從塑膠盆取出幼苗，種入花盆裡。充分給水至水會從盆底流出來的程度。之後放在日陰處二至三日。

2 移至明亮的位置

移至日照良好的場所。除了盛夏、寒冬時之外，追肥是一個月一次左右，對植株基部施予比規定稀釋比例稀薄的液肥。注意肥料不要給太多。

3 開花前收穫

視需要，隨時收穫。若是開花前，就能收穫到香味良好的百里香。由於是多年生植物，過冬也OK。到了秋天開花結束時，就從植株基部割除古老的枝葉。

推薦料理
香草醋
香草風味紅酒

有良好的日照、通風，就會迅速成長！

迷迭香

本書採用直立性迷迭香
使用4號盆

清爽刺激的香氣，據說有提升記憶力、防止老化的效果。一整年都能收穫。由於容易栽培得健壯，注意避免葉子太茂密。若水、肥料給太多會有枯死情況，要注意。

栽培DATA

適溫	15至20℃	
環境	日照良好、通風良好的場所	
科別	紫蘇科 常綠性低矮木	澆水 葉子或莖無精打采、土變乾燥時，澆水至水會從盆底流出來的程度，但不可連日澆水

生長周期Calendar

	1月	2月	3月	4月	5月	6月	7月	8月	9月	10月	11月	12月
栽種			春天栽種					秋天栽種				
開花												
收穫												

栽培訣竅

非常耐乾燥，不耐多濕。重點是控制澆水，及夏天時進行疏拔、順便收穫。

1 種入花盆（參考P.78）

從塑膠盆取出幼苗，種入花盆裡。充分給水至水會從盆底流出來的程度後，移至日陰處。之後，有點乾燥、土表變乾燥時就充分澆水。

2 移至明亮的位置

靜置二至三日後，移至日照良好的場所。莖葉混雜長在一起時，就要不斷從植株基部修剪、順便收穫。追肥是兩週一次左右，施予比規定稀釋比例稀薄的液肥。

3 為防止悶熱，隨時摘芯・收穫

為避免悶熱，要適當進行摘芯，藉此一整年都能享受收穫的樂趣。此外，梅雨季前尤其要仔細修剪。

粉紅色花散撒沙拉上，當作彩飾

蝦夷蔥

推薦料理
醃漬海鮮
雞蛋三明治

本書使用4號盆

近似細香蔥，但蝦夷蔥的香味、辛辣味比較溫和。花也可以生吃，所以花開到七分時就可收穫添加在沙拉上。若長大到某種程度，收穫就是第一年摘葉子，第二年留植株基部3cm左右剪下，使植株長大。

栽培DATA

適溫	15 至 20℃	
環境	半日照、通風良好、明亮的位置。避免陽光直射	
科別	百合科	澆水 土表變乾燥時，充分澆水

生長周期Calendar

	1月	2月	3月	4月	5月	6月	7月	8月	9月	10月	11月	12月
栽種			春天栽種					秋天栽種				
開花												
收穫												

栽培訣竅

不耐夏天直射的陽光與乾燥，請放在通風良好的半日照處，土表開始變乾燥時，就充分澆水栽培。

1 種入花盆（參考P.78）

從塑膠盆取出幼苗，種入花盆裡。充分給水至水會從容器底流出來的程度，置於日陰處二至三日。生長旺盛的春初，注意水分不足的問題。

2 修剪並收穫

植株高度長到10cm左右時，修剪混雜在一起的莖、葉，順便收穫。追肥是在春天與秋天一年兩次，施予比規定稀釋比例稀薄的液肥。

3 冬天放在日照良好的窗邊

植株高度長到20cm左右時，留植株基部3cm左右收穫。冬天在室內日照良好的窗邊栽種。

芫荽

讓料理充滿異國風

推薦料理
香菜醬
生春捲

本書使用5號盆

英文名為Coriander，含豐富的胡蘿蔔素、維生素。有獨特的強烈香味，藥膳上具有促進消化、增進食欲，及抑制腹脹的效用。建議隨時摘取新鮮的葉子與莖，用於咖哩、湯、炒飯，添加風味。

栽培DATA

適溫	15 至 25℃
環境	日照良好的場所。夏季放在半日照處，避免陽光直射
科別	繖形花科　　澆水　土表變乾燥時，充分澆水

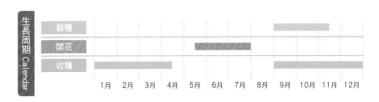

生長周期 Calendar

	1月	2月	3月	4月	5月	6月	7月	8月	9月	10月	11月	12月
栽種									■	■	■	
開花					■	■						
收種	■	■	■	■				■	■	■	■	■

栽培訣竅

一到夏初就容易發花芽，一旦發花芽，葉子就會變硬，葉子的數量減少。適當的收穫時期就是開花前。

1 種入花盆（參考P.78）

從塑膠盆取出幼苗，種入花盆裡，置於日陰處二至三日後，移至日照良好的場所。澆水要謹慎，土表變乾燥後才充分澆水。

2 將幼苗栽培到大

葉子長出後，才依序採收。幼苗還小或葉子數量少時，收穫要謹慎。追肥是兩週一次左右，施予比規定稀釋比例稀薄的液肥。

3 葉子是開花前，種子是花謝後進行採收

開花前進行葉子、莖的收穫，就能保有強烈的香味。種子的收穫則在花謝之後。種子要連帶茶色的莖一起剪取後使之乾燥，可用於醃漬等添加風味。

水芥菜

水邊自行生長的香草，別忘了澆水

推薦料理
水芥菜湯
燙拌青菜

本書使用相當4號盆

水芥菜常作為肉類、海鮮料理的配菜。含豐富維生素、礦物質，是營養價值高的香草，建議多多品嚐。沙拉、燙青菜、天婦羅……不論是生食或加熱都美味。據說，若在寒冷、乾燥環境栽種，其辛味、苦味就會變重。

栽培DATA

適溫	15 至 20℃
環境	日照良好、通風良好的場所。夏天在半日照處
科別	十字花科　　澆水　土表變乾燥時，充分澆水

生長周期 Calendar

	1月	2月	3月	4月	5月	6月	7月	8月	9月	10月	11月	12月
栽種				春天栽種					秋天栽種			
開花				■	■							
收種		■	■	■	■	■	■	■	■	■	■	

栽培訣竅

葉子數量增加、幼苗長大時，就要修剪莖的尖端部分，使側芽伸展。花要趁花苞時摘取。

1 種入花盆（參考P.78）

從塑膠盆取出幼苗，種入花盆裡，置於日陰處二至三日後，移至通風良好、明亮的位置。種在排水良好的土裡，注意乾枯，土表變乾燥時充分澆水。

2 開花前收穫

植株高度長到10至15cm時，摘芯順便收穫。一旦開花，葉子就會變硬，所以花要趁花苞時摘取。追肥是兩週一次左右，施予比規定稀釋比例稀薄的液肥。

3 修剪後還能收穫

藉由摘芯、培養側芽，將幼苗栽培長大。一整年能收穫好幾次也是其魅力所在。

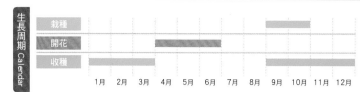

初夏開黃色小花,多彩繽紛

蒔蘿

推薦料理

製作泡菜
馬鈴薯沙拉

本書使用3號盆

自古就當作藥草受到重用的蒔蘿。尤其適合搭配魚料理,甚至有「魚的香草」之稱。不只是葉子、莖,連花、種子也有獨特強烈的香味,乾燥後的種子也可當餅乾等點心的裝飾或用於香草茶。

栽培DATA

適溫	15 至 20℃

環境	日照良好的場所

科別	繖形花科	澆水	土表變乾燥時,充分澆水

生長周期 Calendar

	1月	2月	3月	4月	5月	6月	7月	8月	9月	10月	11月	12月
栽種												
開花												
收穫												

栽培訣竅

耐寒也耐熱,但不耐乾燥。一旦水分不足,莖就會垂頭,尤其夏天要一天早晚澆水兩次。

1 種入花盆(參考P.78)

從塑膠盆取出幼苗,種入花盆裡,置於日陰處二至三日後,移至日照良好的場所。種入時要注意避免傷到根部。

2 從莖下方的葉子收穫

莖變多時,就要在開花前,從莖下方的葉子依序收穫。一旦開花,葉子就會開始枯萎。追肥是從春天到秋天兩週一次左右,施予比規定稀釋比例稀薄的液肥。

3 種子的收穫

要收穫種子,就要趁開花後、充分成熟之際,從植株的根基部切取。將種子乾燥後就能保存,用於各種料理中。

品嚐美味的香草茶

檸檬香蜂草

推薦料理

香草茶
浸漬紅酒等餐前酒

本書使用相當4號盆

特徵是有類似檸檬的清爽香味。即使是自然掉落的種子,也會長得旺盛,所以有很容易栽培,一整年都能享用到美味的香草茶。初夏會開小型花,但葉子的收穫要在開花前。為防止悶熱,梅雨季節開始前、葉子混雜在一起時就隨時採收。

栽培DATA

適溫	15 至 20℃

環境	明亮的半日照處,夏天要避免陽光直射

科別	紫蘇科	澆水	土表變乾燥時,充分澆水

生長周期 Calendar

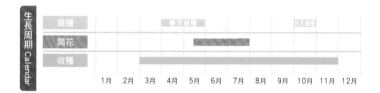

	1月	2月	3月	4月	5月	6月	7月	8月	9月	10月	11月	12月
栽種												
開花												
收穫												

栽培訣竅

由於不耐熱、乾燥,土表變乾燥時就要澆水。只要陽光太強,葉子就會曬傷而變黃,香味也會變差。最好置於明亮、半日照處。

1 種入花盆(參考P.78)

從塑膠盆取出幼苗,種入花盆裡。移至明亮、半日照處。

2 修剪並收穫

選擇嫩葉收穫。為防止悶熱,葉子長得茂密時就順便收穫,修剪混雜在一起的枝葉。追肥是兩週一次,施予比規定稀釋比例稀薄的液肥。

3 生長之後從植株基部收割

植株高度長到20cm左右時,從植株基部收割。保留植株基部10cm左右,就會再長出側芽。初夏開花前是香味最佳時期。

淡淡香味，使人神清氣爽

紫蘇

推薦料理
藥膳麵線
紫蘇雞肉捲

本書使用方形花槽

漢方、藥方中記述，可促進發汗，去除梅雨時期、夏天的虛寒。除了殺菌作用之外，也有促進腸胃蠕動的效果。一旦日照時間變短，就會長出花芽，所以葉子要在夏天採收。而後，就能收穫紫蘇花穗、紫蘇子。

栽培DATA

適溫	15 至 30℃
環境	日照良好、通風良好的場所
科別	紫蘇科

澆水	土表變乾燥時，充分澆水

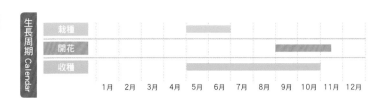

生長周期 Calendar

	1月	2月	3月	4月	5月	6月	7月	8月	9月	10月	11月	12月
栽種					▓▓							
開花									▓▓▓▓			
收穫				▓▓▓▓▓▓▓▓▓▓▓▓								

栽培訣竅

不耐乾燥，土快變乾燥時就要充分澆水來栽培。若陽光不足，就會停止生長，長出花芽。

1 種入花盆（參考P.78）

從塑膠盆取出幼苗，種入花槽裡。充分給水至水會從盆底流出來的程度。置於半日照處二至三日後，移至日照良好的場所。

2 摘芯順便收穫

植株高度長到20至30cm左右時，剪下莖的尖端，葉子稍上面處進行摘芯，順便收穫。

3 隨時、收穫

長出葉子之後，就收穫。生長不好時，就大約兩週一次，施予比規定稀釋比例稀薄的液肥（追肥）。只要保留恰到好處的葉子，直至秋天都能收穫。

容易栽種得健壯的香草

鼠尾草

推薦料理
香草茶

本書使用5號盆

一般提到鼠尾草，都是指普通鼠尾草（Common Sage）。除了可用於去除肉類料理的腥味之外，還具有各種藥效，將葉子煎過後飲用，有殺菌、促進消化、恢復疲勞等功用。

栽培DATA

適溫	15 至 20℃
環境	日照良好、通風良好的場所。夏天在半日照處
科別	紫蘇科

澆水	土表變乾燥時，充分澆水

生長周期 Calendar

	1月	2月	3月	4月	5月	6月	7月	8月	9月	10月	11月	12月
栽種					春天播種				秋天栽種			
開花				▓▓▓▓▓								
收穫	▓▓▓▓▓▓▓▓▓▓▓▓▓▓▓▓▓▓▓▓▓▓▓▓											

栽培訣竅

嚴禁多濕，澆水要在土的表面變乾後進行。在葉子混雜一起前進行間拔。

1 種入花盆（參考P.78）

從塑膠盆取出幼苗，種入花槽裡，充分給水至水會從盆底流出來的程度，置於日陰處二至三日後，移至日照良好的場所。

2 進行摘芯

長到20cm左右後，就剪掉莖的尖端進行摘芯。藉由培養側芽，增加葉子的數量。

3 收穫與疏拔

梅雨季前，剪下混雜在一起的枝葉，進行收穫。若在入冬前將枝葉疏拔掉1/3左右，隔年春天就會長得很好。追肥是兩週一次，施予比規定稀釋比例稀薄的液肥。

辛辣的香味會增進食欲

奧勒岡

推薦料理
番茄醬
乾香草

本書使用6號盆

大量出現的奧勒岡，一般都是「野馬鬱蘭」。初夏開花之前，其辛辣的香味更為強烈。與義大利料理很搭，是披薩、義大利麵不可欠缺的香草。奧勒岡除了食用之外，也有鑑賞用的品種。

栽培DATA

適溫	15 至 20℃
環境	日照良好、通風良好的場所
科別	紫蘇科 · 澆水 土表變乾燥時，充分澆水

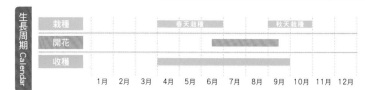
生長周期 Calendar

	1月	2月	3月	4月	5月	6月	7月	8月	9月	10月	11月	12月
栽種			春天栽種						秋天栽種			
開花												
收種												

🌱 栽培訣竅

不耐高溫多濕與極端的寒冷。春天栽種的收種，開花前的4至6月是適當時期。除此之外，只要葉、莖混雜在一起時，就是進行收種與疏拔的時期。

1 種入花盆（參考P.78）

從塑膠盆取出幼苗，種入花槽裡，充分給水至水會從盆底流漏出來的程度。置於日陰處二至三日後，移至日照良好的場所。

2 在有點乾燥的環境栽種

澆水要謹慎，在有點乾燥的環境栽種。梅雨時期，要將種在外面的奧勒岡移至不會淋到雨的場所。追肥是二至三個月一次，將固態肥料置於盆土表面，進行置肥。

3 收種

開花前進行收種。只要經過數年就容易長滿根，當根從盆底竄出時就要換成更大的花盆。

享用少量但清爽的甜味

甜菊

推薦料理
香草茶
檸檬冰

本書使用4號盆

每年都會開花的多年生植物，除了葉子、莖之外，根部也有強烈的甜味。花開結束的晚秋時，甜味最重。這時將葉子摘下來，乾燥後使用。若一次大量攝取，會有腹瀉的情況，請注意。

栽培DATA

適溫	20 至 30℃
環境	日照良好的場所，尤其夏天要放在通風良好的場所。
科別	菊科 · 澆水 土表變乾燥時，充分澆水

生長周期 Calendar

	1月	2月	3月	4月	5月	6月	7月	8月	9月	10月	11月	12月
栽種												
開花												
收種												

🌱 栽培訣竅

有點不耐寒冷，請放在不會遭受霜害或寒風的場所。注意排水，土變乾燥時就充分澆水。

1 種入花盆（參考P.78）

從塑膠盆取出幼苗，種入花槽裡，充分給水至水會從盆底流出來的程度。置於日陰處二至三日後，移至通風良好、明亮的位置。

2 收種

莖長到20cm左右後，就採摘綠色鮮豔的葉子。追肥是二至三個月進行一次左右，將固態肥料置於盆土表面。

3 疏拔

從初夏到盛夏，莖會充分生長。摘芯的同時，隨時收種。8月至9月會開白花。當花開結束後，就貼靠植株基部修剪，進行疏拔。

葉上有大刺、南歐原產的植物

朝鮮薊

推薦料理

川燙花萼、花苞的芯

本書使用花槽

©Miran Rijavec

從初夏到盛夏，會開出類似薊的紫色花。在日本，主要是栽培用來當觀賞植物，歐美則是將鮮嫩的花苞以鹽水煮熟後食用。有點苦味是其特徵，含豐富的食物纖維。

栽培DATA

適溫	10 至 20℃
環境	通風良好、日照良好的場所

科別	菊科	澆水	土表變乾燥時，充分澆水

生長周期 Calendar

	1月	2月	3月	4月	5月	6月	7月	8月	9月	10月	11月	12月
栽種				■	■							
開花						■	■					
收穫								■	■	■	■	■

栽培訣竅

不耐多濕，不喜移植，請計畫性地調整花盆的尺寸、栽培環境。

1 種入花盆（參考P.78）

從塑膠盆取出幼苗，種入花槽裡，充分給水至水會從盆底流出來的程度。不喜歡移植，所以建議一開始就以大型花盆、花槽栽種。

2 在有點乾燥的環境栽種

二至三日後，移至通風與日照良好的場所。生長期要兩週一次，施予比規定稀釋比例稀薄的液肥。由於不耐悶熱、濕度，所以在有點乾燥處栽種且不要給太多的水。

3 收穫

在充分長出花苞後、開花前的這段期間收穫。留葉柄部分5cm左右，以剪刀剪下果實。採摘開花前的大型花苞。

辛辣的香味，給人元氣

咖哩草

推薦料理

增加泡菜香味
增加湯的味道

本書使用花槽

只要輕觸葉子，就會微微散發出辛辣的咖哩香味。將咖哩草嫩葉加在煮好的湯或作好的泡菜裡，就能增添風味。加在料理中的咖哩草，食用之前要拿掉。一到夏天，會開小型黃花，與散發銀色光芒的葉子，形成鮮明的對比。

栽培DATA

適溫	-5 至 25℃
環境	日照良好、通風良好的場所。夏天在半日照處栽種

科別	菊科	澆水	土表變乾燥時，充分澆水

生長周期 Calendar

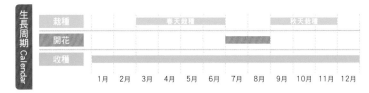

	1月	2月	3月	4月	5月	6月	7月	8月	9月	10月	11月	12月
栽種				春天栽種				秋天栽種				
開花							■	■				
收穫	■	■	■	■	■	■	■	■	■	■	■	■

栽培訣竅

在日照良好、有點乾燥的環境栽種，當土的表面變乾燥到白色程度時，就充分澆水。避免高溫多濕。

1 種入花盆（參考P.78）

從塑膠盆取出幼苗，種入花盆裡，充分給水至水會從盆底流出來的程度。置於日陰處二至三日後，移至日照良好的場所。

2 在有點乾燥環境栽種

夏天移至半日照處。土表變乾燥時就充分澆水，但頻率要少一點。植株沒精神時，施予比規定稀釋比例稀薄的液肥來取代澆水。

3 摘芯並收穫

植株基部的葉子混雜在一起時就採摘，摘芯使通風良好，順便收穫。要利用花時，就在開花前連枝一起收穫，作成乾燥花來使用。

使用範圍廣泛的萬能香草
薰衣草

推薦料理
果凍的香味
香草茶

本書使用花槽

原產地南歐是低濕度、夏天不降雨的地方。對日本初夏到夏天都高溫多濕的環境並不適應，因此仔細地修剪混長在一起的葉子、莖，使通風良好。若在日照良好的場所、有點乾燥的環境栽種，就能享用到其豐富的香味。冬天則在照得到陽光的室內栽種。

栽培DATA

適溫	-5 至 25℃	
環境	日照良好、通風良好的場所。夏天在半日照處栽種	
科別	菊科	澆水 土表變乾燥時，充分澆水

生長周期 Calendar

	1月	2月	3月	4月	5月	6月	7月	8月	9月	10月	11月	12月
栽種			■	■								
開花					■	■	■					
收種					■	■						

栽培訣竅

不耐高溫多濕，土變乾燥時就澆水，但澆水的頻率要少一點。

1　種入花盆（參考P.78）

從塑膠盆取出幼苗，種入花盆裡，充分給水至水會從盆底流出來的程度。栽種後立刻先置於日陰處，之後再移至向陽處。但夏天要移至半日照處。

2　在有點乾燥的環境栽種

澆水的頻率要減少，一旦澆水就充分給予。兩週一次左右，施予比規定稀釋比例稀薄的液肥來取代澆水。

3　收種

快要開花前是香味最佳的時期，所以未開花時就連莖一起採摘。其具耐寒性，秋天疏拔後就進行追肥，只要不會遭遇下雪，就算置於戶外也能夠越冬。

眾所皆知的無尾熊主食
尤加利

※請將尤加利當作香味樹來栽種，而不是作為食用。

本書使用花槽

尤加利是澳洲等原產的高大樹木。生長快速、不斷長大，因此要仔細摘芯，才能在小花盆裡栽種。移植時，要剪短從容器底竄出的細根或粗根，解開根糾結長在一起的部分，才能抑制其高度。

栽培DATA

適溫	20 至 30℃	
環境	日照良好、通風良好的場所	
科別	桃金孃科 (Myrtaceae)	澆水 土表變乾燥時，充分澆水

生長周期 Calendar

	1月	2月	3月	4月	5月	6月	7月	8月	9月	10月	11月	12月
栽種			■	■	■	■	■	■				
收種	■	■	■	■	■	■	■	■	■	■	■	■

栽培訣竅

在有點乾燥的環境栽種，冬天減少澆水的頻率。

1　種入花盆（參考P.78）

將混入基肥的培養土裝入大型花盆，從塑膠盆取出幼苗種入，充分給水至水會從盆底流出來的程度，置於日陰處二至三日後，移至日照良好的場所。

2　進行照護

土的表面乾燥時，就充分澆水。放在陽台時，避免迎風強烈的場所。從發出新芽的春天到初夏生長快速，請修剪樹枝尖端進行摘芯。

3　收種

基本上一整年都能收種。摘取葉子部分，放入浴缸等享受香味吧！由於是不耐寒的品種，冬天要在室內過冬。

纖細柔嫩的綠色葉子很美麗

山蘿蔔葉

推薦料理

肉類、魚類料理的配菜
濃湯的浮料

本書使用3號盆

不耐乾燥、燜熱，請種在保水良好、肥沃的土裡。要注意陽光的直射。常用於添加料理的風味。不加熱地漂亮裝盤，趁風味未變差時，美味享用。

栽培DATA

適溫	15 至 20℃	
環境	通風良好、明亮的半日照處	
科別	繖形花科	澆水 土表乾燥時，充分澆水

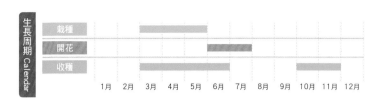

生長周期 Calendar

	1月	2月	3月	4月	5月	6月	7月	8月	9月	10月	11月	12月
栽種			■	■	■							
開花					■	■						
收穫			■	■	■	■	■		■	■	■	

🌱 栽培訣竅

土的表面乾燥前澆水，保有濕氣是重點。

1 種入花盆（參考P.78）

從塑膠盆取出幼苗，種入花盆裡，充分給水至水會從盆底流出來的程度。移至通風良好、明亮半日照的場所。

2 夏天要一天澆水兩次

不耐乾燥，因此要適度保持土壤的濕氣。土的表面乾燥或莖垂頭喪氣時，就充分給水。

3 收穫嫩葉

植株長到20cm以上時就採摘嫩葉。收穫期兩週一次左右，施予比規定稀釋比例稀薄的液肥取代澆水。

嫩葉與花作成沙拉

琉璃苣

推薦料理

沙拉
鋪放於糕點上

本書使用花槽

會開青色、星形的可愛花朵。嫩葉與花可食用，能作沙拉、天婦羅。種子大且容易發芽，是從種子也容易種的品種。不耐悶熱，梅雨時期要注意避免多濕環境。

栽培DATA

適溫	15 至 20℃	
環境	通風良好、日照良好的場所	
科別	紫草科	澆水 土表乾燥時，充分澆水

生長周期 Calendar

	1月	2月	3月	4月	5月	6月	7月	8月	9月	10月	11月	12月
栽種				■春天栽種	■				■秋天栽種	■		
開花					■	■	■	■	■	■		
收穫				■	■	■	■	■	■	■	■	

🌱 栽培訣竅

由於耐寒冷，秋天栽種會長得更好。也能活用當作使草莓結實累累的共生植物。

1 種入花盆（參考P.78）

喜歡排水良好的土壤，因此從塑膠盆取出，種入多鋪放一些盆底石的花盆裡，置於日陰處二至三日後，移至日照良好處。

2 通風良好

不耐高溫多濕，尤其是梅雨時期，要摘除枯葉、間拔葉子，使通風良好。在有點乾燥的環境栽種，開始長花芽後，就兩週一次左右，施予比規定稀釋比例稀薄的液肥，促進生長。

3 開花時立刻收穫

花芽長很多時會很沉重，使莖容易折斷，請立支柱。以剪刀剪取嫩葉，花一綻放就趁當天進行收穫，此後陸續開花，就能享受一個月以上的收穫樂趣。

顏色鮮豔的可食用花卉

金蓮花

推薦料理

三明治

本書使用花槽

不只葉子，連花都能吃的可食用花卉。由於有芥末般的辛辣、鮮豔的外觀，所以推薦當作沙拉的裝飾。種在排水良好的土裡，並在日照良好的場所栽種。

栽培DATA

適溫	15 至 20℃
環境	通風良好、日照良好處。夏天則在半日照處
科別	金蓮花科
澆水	土表乾燥時充分澆水

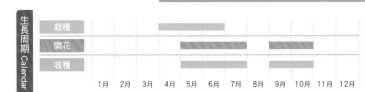

生長周期 Calendar

	1月	2月	3月	4月	5月	6月	7月	8月	9月	10月	11月	12月
栽種				■	■	■						
開花					■	■			■	■		
收穫					■	■			■	■		

栽培訣竅

若施予太多肥料，葉子會生長過度而變得難以開花，請謹慎。

1 種入花盆（參考P.78）

從塑膠盆取出幼苗，種入花盆裡。選擇排水良好的土，注意不要破壞根部土球。置於日陰處二至三日後，移至日照良好的場所。

2 進行追肥

一旦長花芽就兩週一次，施予比規定稀釋比例稀薄的液肥取代澆水。夏天容易生長停滯，請移至通風良好的場所。

3 開花時就收穫

葉子隨時收穫，花就會不斷綻放，一開始開花就盡早收穫。

特徵是具清涼感的辛辣與香味

山椒

推薦料理

鰻魚料理
湯豆腐

本書使用相當5號盆

特徵是具清涼感的香味，常作為料理裝飾的山椒，在日本自古以來就是大家熟知的辛香料。由於雄株不會長果實，想享用山椒粉時，選幼苗時就要確認清楚。

栽培DATA

適溫	15 至 20℃
環境	日照良好的場所（避免西曬）·半日照處
科別	芸香科 落葉性低矮木
澆水	土表乾燥時充分澆水

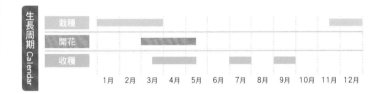

生長周期 Calendar

	1月	2月	3月	4月	5月	6月	7月	8月	9月	10月	11月	12月
栽種	■										■	
開花			■	■	■							
收穫			■				■		■			

栽培訣竅

冬天落葉期間，追肥是兩週一次左右，施予比規定稀釋比例稀薄的液肥。

1 種入花盆（參考P.78）

從塑膠盆取出幼苗，種入大型花盆裡。給水至水會從盆底流漏出來的程度。置於日陰處二至三日。

2 移至日照良好處

移至通風良好及日照良好的場所。由於根的擴張淺、容易乾燥，所以土的表面乾燥時就充分澆水。

3 收穫

春天收穫新芽。要製作山椒粉時，就採收果實中的黑色種子。春、初夏、初秋收穫後，視幼苗的狀態，施予比規定稀釋比例稀薄的液肥。冬天則建議給予固態肥料。

濃郁香味，沁入人心

天竺葵

推薦料理

增加紅茶的香味
揉入餅乾的麵糰

本書使用5號盆

當香草、香料使用的天竺葵，稱為「香葉天竺葵」，與觀賞用的天竺葵有所不同。只要輕輕碰觸葉子，就會微微散發出好聞香味。新鮮的葉子除了可入菜、泡茶、增添糕點香味之外，也可利用於香氛。

栽培DATA

適溫	15 至 25℃	
環境	日照良好、通風良好的場所（避免西曬）	
科別	牻牛兒苗科 常綠性低矮樹木	澆水　土表乾燥時充分澆水

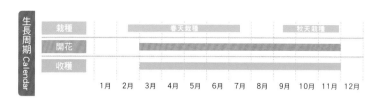

生長周期 Calendar		
栽種	春天栽種	秋天栽種
開花		
收穫		

1月　2月　3月　4月　5月　6月　7月　8月　9月　10月　11月　12月

🌱 栽培訣竅

最適合通風良好的場所。若經過冬天的寒冷就會開花，所以冬天要在無暖房效果的場所栽種。

1　種入花盆（參考P.78）

從塑膠盆取出幼苗，種入花盆裡。置於日陰處二至三日後，移至日照良好的場所。不耐寒冷，因此冬天要在日照良好的廊下或室內栽種。

2　有點乾燥的環境栽種

在有點乾燥的環境栽種，一至兩週一次左右，施予比規定稀釋比例稀薄的液肥，以取代澆水。在日照良好的場所栽種，但夏天要避免西曬。

3　修整＆收穫

不喜歡高溫多濕，因此當葉、莖混雜在一起時就要疏拔，使通風良好，順便收穫。

🏠 **享受花的美姿與香味的樂趣**　收穫葉子是為了避免植物開花，但有時也不妨享受一下花的美姿與香味吧！

肉桂天竺葵

會開玫瑰粉紅色的花。香味近似肉桂，可用於點心等的裝飾。

蘋果天竺葵

會開小型白花，有甜甜的蘋果香味。花瓣上有紅紫色花紋，綻放出可愛的姿態。

玫瑰天竺葵

香味近似玫瑰。用來作為香薰油的材料，或加入果醬中。

享受其他的香草花

▲蝦夷蔥花

▼百里香花

蝦夷蔥、百里香等香草也會開各種花，如圖深粉紅色是蝦夷蔥花、小型粉紅色是百里香花。建議葉子的收穫告一段落後，就不要摘掉花芽。

香草般的清爽香味

胡蘿蔔葉

推薦料理
韓式拌菜
炒豬肉胡蘿蔔葉

根部使用完畢後，將一般會丟棄的胡蘿蔔頭，拿來再利用。切口朝下，連皮一起放在小盤子裡加水，經過幾天就會發出新芽。長出來的葉子，除了可用於沙拉、燙拌青菜之外，也可活用於炒菜等各種料理。

栽培訣竅

使用平且淺的器皿，加入可蓋滿切下來的胡蘿蔔頭一半程度的水。

栽培DATA

項目	內容
適當時期	春·夏
環境	通風良好、明亮的位置（避免溫度變化激烈的窗邊）
收穫尺寸	7 至 8cm
科別	繖形花科

1 切下來的胡蘿蔔頭與水放入器皿

將切下來的胡蘿蔔頭放入器皿裡，淺淺加層水，葉子的嫩芽冒出時，就會露出水面。

2 置於明亮處

置於室內，通風良好、明亮的位置，不久就會冒出新的芽。

3 收穫

每天更換器皿裡的水。水放太多容易腐爛，請讓葉子的基部露出水面。長到7至8cm左右就收穫。

綠色的蔥再生

青蔥

推薦料理
味噌湯
涼拌豆腐

青蔥的根部留5cm左右剪下來，暫時浸在水裡，綠色部分就會往上生長。建議準備一個細長且深的器皿。收穫時，只採收綠色部分，留下白色的根部，就能再次收穫。希望味噌湯、涼拌豆腐有點辛香料時就很方便。

栽培訣竅

使用不會使青蔥傾倒、較深的器皿。

栽培DATA

項目	內容
適當時期	春·夏
環境	通風良好、明亮的位置（避免溫度變化激烈的窗邊）
收穫尺寸	約 10cm
科別	百合科

1 青蔥切段與水放入器皿

將青蔥直立放入器皿裡，加水至距青蔥根部約1cm的高度。

2 置於明亮處

置於室內，通風良好、明亮處，不久就會冒出新芽。

於此附近剪下來收穫。

3 收穫

每天換水，不需多久，青蔥中心就會長出新芽。長到10cm左右時就收穫。

鴨兒芹

推薦料理
蛋花湯
味噌湯

增加料理的色彩或當清湯的裝飾，只要少量就很方便的鴨兒芹，最適合再利用。保留莖5cm左右剪下來的鴨兒芹根，浸在水裡，不久就會冒出新的葉子。葉子、莖充分栽培成長，就能移植到泥土裡。

栽培訣竅

準備不會讓鴨兒芹傾倒、窄口的器皿。

栽培DATA

適當時期	春・夏
環境	通風良好、明亮的位置（避免溫度變化激烈的窗邊）
收穫尺寸	5 至 20cm
科別	繖形花科

1 切段與水放入器皿

將鴨兒芹切段，直立放入器皿裡，加水到距根部約1cm的高度。

2 置於明亮的位置

置於室內，通風良好、明亮的位置，不久就會長出新的葉子。

3 收穫

要每天更換水，長到15至20cm左右時就收穫。

蒜苗

推薦料理
蓮藕蒜苗金平
韓式雜菜

具獨特的香味，可引發食欲的蒜苗，香味的成分是大蒜素，有助於恢復疲勞、滋養強壯的效果。大蒜素與體內的硫胺素結合，就會在體內發揮如同維生素B₁的效用。由於也含有豐富的維生素C，因此有提升免疫力、美肌效果。

栽培訣竅

使用能完全卡住蒜苗根部、口窄且深的瓶子。

栽培DATA

適當時期	春・夏
環境	通風良好、明亮的位置（避免溫度變化激烈的窗邊）
收穫尺寸	20 cm
科別	百合科

1 將蒜苗與水放入瓶中

放入能讓蒜苗自然下垂的深瓶裡，瓶裡裝水到根部吸得到水的程度。

2 置於明亮的位置

置於室內，通風良好、明亮處，不久就會長出新的葉子。

於此附近剪下，收穫。

3 收穫

每天換水，長到20cm左右就收穫。

令人耳目一新的清爽香氣

水芹菜

推薦料理
燙拌青菜
水芹鍋

算是春天的七草之一，日本原產的蔬菜。拿到帶根的水芹菜後，就保留根部5cm左右剪下來，浸在水裡。在扦插栽培中，水芹菜是比較能長得好、發芽好幾次者，所以推薦給第一次進行扦插栽培的新手。

使用不會讓水芹傾倒、較深的器皿。

栽培DATA

適當時期	春・夏
環境	通風良好、明亮的位置（避免溫度變化激烈的窗邊）
收穫尺寸	20 cm
科別	繖形花科

1 切段與水放入瓶中

將水芹菜的切段直立放入器皿裡，加水到距根部約1cm左右的高度。

2 置於明亮的位置

置於室內，通風良好、明亮處，不久就會長出新的葉子。

3 收穫

每天換水，長到20cm就收穫。

適合搭配點心的香氣

薄荷

推薦料理
薄荷冰
冰品裝飾

市售的薄荷剪枝，只要夠新鮮，就能充分吸水而長出根來。置於涼爽處，勤於換水，浸在水中的莖段就會漸漸長出根。每次換水會散發清香，使人神清氣爽。

使用能容納薄荷根部、較深的器皿。

栽培DATA

適當時期	春・夏
環境	通風良好、明亮的位置（避免溫度變化激烈的窗邊）
收穫尺寸	15 至 20cm
科別	紫蘇科

1 薄荷切段與水放入器皿

將薄荷的切段與水放入器皿裡。水要加到能蓋滿根部為止。

2 置於明亮的位置

置於室內，通風良好、明亮處，不久就會長出新的葉子。

3 收穫

每天換水，長到15至20cm就收穫。

SPRING

度過寒冷冬天
營養充足的春天蔬菜

寒冷的嚴冬過去、漸漸感到溫暖的春天。此時,在冬天期間沉睡的植物紛紛發芽,長出葉子,想要汲取陽光。我們也要積極地外出,解放既寒冷又瑟縮的身體與心靈。只要稍微早起,沐浴早晨的陽光,作個深呼吸,或許就能感受到植物們奮力生長的氣息。挺過寒冷的冬天、當令美味的春天蔬菜中,飽含許多對我們身體與心靈有益的要素。

添加在日常飲食中!

增加甜味

一般認為,蔬菜具有的甜味,有助於強化胃腸、消化吸收功能。舉例而言,蕪菁能滋潤身心,高麗菜的甘甜促進消化吸收。此外,青江菜、豌豆也蘊含著春天蔬菜的甜味。感謝大自然的恩惠,就好好享用四季的當令美味吧!

增加苦味

羽衣甘藍、芝麻菜、菊苣等貝比生菜,建議直接生食新鮮的葉子,感到的微苦味,其實具有排出體內積存的老舊廢物等的排毒作用。將種在陽台、廚房的貝比生菜採摘下來,試著撒在早餐的沙拉中。遼東楤木的嫩芽、蜂斗菜等山野菜、油菜花也能感到獨特的微苦味。

增加香味

畢業、入學、就職等生活變化多端的春天,不但是令人對新的際遇抱持無限期待的季節,也容易因為生活習慣一團混亂,而導致身體崩壞、累積壓力。據說,香菜、荷蘭芹等香味濃厚的蔬菜,具有使心情平靜的效果。在廚房擺放一盆,就能隨時摘取、撕碎加在湯或沙拉裡。這些蔬菜微甜與清爽的味道,有助於療癒疲憊的心,使人神清氣爽。

直接生吃
身心都變得朝氣蓬勃

酒蒸蛤仔加
貝比生菜

收穫食材:・迷你青江菜(Part1)
　　　　　・瑞士甜菜(Part1)
想要愉快享用剛採摘的新鮮味道,所以將貝比生菜當成料理的裝飾。和春天當令的貝類一起享用。

在杯子裡栽培芽菜

芽菜就是蔬菜的嫩芽，
「芽菜的栽培」，顧名思義就是栽培蔬菜的嫩芽，採摘來吃。
由於不用土、肥料，所以少量的材料就能栽培。
除了基本的豆苗、蘿蔔嬰之外，
花椰菜、白芝麻等也能栽培芽菜。
只要留意水的更換，就會茁壯長大，
因此是非常適合在廚房栽培的蔬菜。

栽培芽菜的工具・栽培方法

芽菜的種類可分為苗菜類和豆芽菜類，栽培方法也有些許不同。

 栽培必要的用品・工具　栽培芽菜，必要的用品及適用的工具。

種子

選擇載明
「芽菜專用」的種子

撒在土裡栽種的種子，通常經過藥品處理，所以無法使用。請選擇載明「芽菜專用」的種子。

容器

苗菜類使用
平底的容器

苗菜類會扎根、往上生長，請選擇平底、深度5cm以上、開口與底部尺寸相同的容器。使用前不要忘了以熱水消毒。

+

豆芽菜類使用
底部深的容器與濾網

使用底部有開孔洞的塑膠杯。為避免種子從孔洞漏出來，要加裝濾網，並以橡皮筋固定。

 播種・育成　芽菜不用土就能栽培，一天檢視多次是能好好栽培的訣竅。

苗菜類

1　以噴水壺將脫脂棉噴濕，種子不重疊地放入，再以噴水壺澆水。

2　覆蓋箱子等，在陰暗處栽培二至三日。栽培至5至10cm左右就移至日照良好的場所。

3　長至5至10cm時，移至向陽處。至少一天一次確認脫脂棉是否乾燥，或水是否有臭味等來更換水。

4　以噴水壺進行澆水。當黃色的芽漸漸變成鮮綠色，就保留根部1cm左右收穫。

豆芽菜類

1　種子浸在水裡一天一夜，這時溫柔地攪拌並除去浮上來的種子、種皮。

2　杯底開排水孔，加裝排水網，以橡皮筋固定。倒入步驟❶，排除水氣，套入另一個杯子後置於陰暗場所。

3　置於陰暗場所期間，至少一天一次溫柔地清洗。只要二至三日就會發芽。

4　發芽後長到3cm左右時，移至明亮的位置。一旦變綠色就收穫。記得以水充分洗淨。

清脆的口感，營養滿分

豌豆苗

推薦料理
炒蛋
韓式拌菜

豌豆苗就是食用豌豆的新芽。除了具強烈的抗氧化作用的β胡蘿蔔素之外，還均衡含有食物纖維、礦物質等營養素，是營養價值高的黃綠色蔬菜。植株高度屬於大型的芽菜，可長至15至16cm。一次收穫後，若換水、置於日照良好的場所，二至三日就會再長出新的芽，而能再次享受收穫的樂趣。

栽培DATA

適溫	20 至 25℃
環境	栽培初期在陰暗場所，生長之後移至日照良好的場所
收穫尺寸	約 15cm
科別	豆科

🌱 栽培訣竅　夏天要一天換水兩次，其他時期則一天一次。

1 播種
將脫脂棉弄濕，放入器皿中。種子均勻地放在脫脂棉上。

2 置於陰暗場所
芽菜的種子，一旦明亮就不發芽，請蓋上箱子製造出陰暗環境，在無光的環境栽培。

3 澆水
二至三日就會長出黃色的芽。溫柔地以噴水壺澆水，直至脫脂棉濕潤。

4 根扎得深時
七天左右，根就扎得很深。將屯積在根之間的水倒掉後，加入新的水。

5 曬太陽，使之綠化
長到15cm左右就從箱子取出，移至能曬到太陽的窗邊。曬太陽兩天左右就會變綠色。

6 收穫
保留根部到莖2至3cm，進行收穫。只要換水，放在日照良好處栽培，就會再長出芽。

紫甘藍菜芽

推薦料理

添加在肉類料理
醃漬

紫甘藍菜的嫩芽red cabbage，無澀味、味道溫和，所以能廣泛運用於各種料理，很方便。尤其維生素C豐富，有助於預防肌膚的色斑、提升免疫力。也含有幫助消化的酵素，可與肉類等含脂肪料理搭配一起吃。

🌱 栽培訣竅
使之綠化，營養價值會提高。要充分曬太陽，但陽光太強時要注意。

栽培DATA

適溫	20 至 25℃
環境	栽培初期在陰暗場所，生長之後移至日照良好的場所
收穫尺寸	約 7cm
科別	十字花科

0日

1 播種
將脫脂棉鋪在容器底後充分弄濕。脫脂棉上不重覆地放上種子，以噴水壺將種子噴至濕潤的程度。

2至3日

2 置於陰暗場所
蓋上箱子等，在陰暗場所栽培。不讓種子乾燥地使用噴水壺澆水，直至發芽。二至三日就會發芽。

10日

3 使之綠化&收穫
長到5至6cm時，移至日照良好的窗邊等。大概曬兩日左右的陽光，使之綠化後收穫。

花椰菜芽

推薦料理

柚子醋拌沙拉
煎雞排配菜

花椰菜芽比成熟的花椰菜含有更多具抗癌效果的「蘿蔔硫素」。收穫時機是長至10cm左右，若充分咀嚼不只可享受到清脆的口感，還能提高蘿蔔硫素的吸收率。可用於各種料理，如加在沙拉、義大利麵裡。

🌱 栽培訣竅
播種在土裡的花椰菜種子，通常會經過藥品處理，一定要使用芽菜專用的種子。

栽培DATA

適溫	20℃
環境	栽培初期在陰暗場所，生長之後就移至日照良好的場所
收穫尺寸	約 10cm
科別	十字花科

0日

1 播種
將脫脂棉鋪在容器底後充分弄濕。脫脂棉上面不重覆地放上種子，以噴水壺將種子噴灑至濕潤的程度。

2至3日

2 置於陰暗場所
蓋上箱子等，在陰暗場所栽培。不讓種子乾燥地使用噴水壺澆水，直至發芽。二至三日就會發芽。

10日

3 使之綠化&收穫
長至7至8cm時，移至日照良好的窗邊等。大概曬兩日左右的陽光，使之綠化後收穫。

只要曬太陽,顏色就會更鮮豔

蘿蔔嬰

🍴 推薦料理
韓式拌菜
鋪在涼拌豆腐上

蘿蔔嬰中含有「異硫氰酸烯丙酯」酵素,據說有強力的殺菌作用、增進食欲作用。此酵素有獨特的辛辣味,也能提升料理的味道。建議可添加在涼拌菜、沙拉,或放入味噌湯、湯等。鮮豔的綠色,外觀看起來也色彩繽紛。

🌱 栽培訣竅

扎根後續的澆水,倒掉殘留在容器裡的水,以噴水壺進行。

栽培DATA

適溫	20℃
環境	栽培初期在陰暗場所,生長到某程度後就移至日照良好的場所
收穫尺寸	約 10cm
科別	十字花科

0日

1 播種
將脫脂棉鋪在容器底後,充分弄濕。脫脂棉上不重覆地放上種子,以噴水壺將種子噴至濕潤的程度。

2至3日

2 置於陰暗場所
蓋上箱子等在陰暗場所栽培。不讓種子乾燥地使用噴水壺澆水,直至發芽。二至三日就會發芽。

10日

3 綠化&收穫
長到7至8cm時,移至日照良好的窗邊等。大概曬兩日左右的陽光,使之綠化後收穫。

辛辣的風味可當料理的配菜

芥末苗

🍴 推薦料理
燙拌青菜
三明治

芥末苗具有獨特辛辣味,若加在料理裡,味道就更濃郁。據說,芥末苗芽菜含有很多的維生素B群、鐵等礦物質、酵素類,具有促進血液的淨化、使腸內好菌活化的作用。只要充分食用,就會從體內變漂亮。

🌱 栽培訣竅

容器一定要以熱水消毒後使用,尤其是料理用的容器容易殘留雜菌。

栽培DATA

適溫	20℃
環境	栽培初期在陰暗場所,生長到某程度後就移至日照良好的場所
收穫尺寸	約 6cm
科別	十字花科

0日

1 播種
將脫脂棉鋪在容器底後,充分弄濕。脫脂棉上不重覆地放上種子,以噴水壺將種子噴至濕潤的程度。

2至3日

2 置於陰暗場所
蓋上箱子等,在陰暗場所栽培。不讓種子乾燥地使用噴水壺澆水,直至發芽。二至三日就會發芽。

10日

3 綠化&收穫
長至4至5cm時,移至日照良好的窗邊等。大概曬兩日左右的陽光,使之綠化後收穫。

蕎麥芽

一曬太陽，葉和莖的顏色就會變化

無苦味、辛辣味，容易食用的蕎麥芽，富含一種名叫芸香苷的多酚，具有強化血管、改善血流，抑制高血壓、糖尿病效果。此外，還是充滿著蛋白質、鉀、磷等優質營養素的芽菜。一曬太陽，白色的莖就會變粉紅，葉子也會從黃色轉為綠色，可愉快地享受其變化的模樣。

栽培訣竅

蕎麥芽可栽培得高大。製造黑暗用的箱子，也要使用高度夠者（20cm以上）。

栽培DATA

適溫	20 至 25℃
環境	栽培初期在陰暗場所，生長到某程度後就移至日照良好的場所
收種尺寸	約 15cm
科別	蓼科

0日

1 播種

脫脂棉鋪在容器底後，充分弄濕。脫脂棉上不重覆地放上種子，以噴水壺將種子噴灑至濕潤的程度。

2至3日

2 置於陰暗場所

蓋上箱子等，在陰暗場所栽培。不讓種子乾燥地使用噴水壺澆水，直至發芽。二至三日就會發芽。

10日

3 綠化＆收穫

長至15cm時，移至窗邊等日照良好的場所。大概曬兩日左右的陽光，使之綠化後收穫。

黃豆芽

咬勁十足、頭帶豆子的芽菜

芽菜可分為從種子長出芽來的「苗菜類」，及莖粗、頭就是種子長成的「豆芽菜類」。任何芽菜都一樣，營養價值很高。黃豆芽就是頭有大型豆的豆芽菜類。常用於韓式拌菜等韓國料理，從炒菜到涼拌菜能廣泛活用在各種料理中。

栽培訣竅

每天以水清洗栽培。要溫柔地清洗，以免傷到豆子部分。

栽培DATA

適溫	20 至 25℃
環境	基本是在陰暗場所。生長後就在日照良好的場所，使之綠化。
收種尺寸	約 6cm
科別	豆科

0日

1 泡水

洗淨種子後浸泡水裡。這時，攪拌後除去浮上來的種子。浸泡一天一夜的水後，就要將水倒掉，瀝乾水分。

2至3日

2 置於陰暗場所，每天搖晃洗滌

瀝乾水分後蓋上箱子，置於陰暗場所。每天輕柔搖晃洗滌幾次後，瀝乾水分。二至三日就會發芽。

10日

3 綠化＆收穫

長至5cm左右時曬太陽，使之綠化後收穫。使用前，請以水洗掉種子的皮。

綠豆莖長且富有水分,很有咬勁!

綠豆芽

推薦料理

綠豆芽蘿蔔湯
綠咖哩

栽培DATA

適溫	20 至 25℃
環境	基本是在陰暗場所。生長後就在日照良好的場所,使之綠化。
收穫尺寸	約 6cm
科別	豆科

0日

1 泡水

洗淨種子後浸泡水裡。這時,攪拌後除去浮上來的種子。浸泡一天一夜的水後,就要將水倒掉,瀝乾水分。

綠豆芽是豆芽菜類的芽菜。營養價值也高,含豐富的維生素A、B、C及各種礦物質。栽培得粗壯,就能享受其清脆的口感。由於不知不覺就會長滿整個容器,所以栽培過程中,除了每天換水之外,還要在一天當中的早晚仔細觀察生長情況。

2~3日

10日

🌱 栽培訣竅

一旦發芽,種子的體積就會增長約十倍,請注意栽培容器的容量。

2 置於陰暗場所,每天搖晃洗滌

瀝乾水分後蓋上箱子,置於陰暗場所。每天輕柔地搖晃洗滌幾次後,瀝乾水分。二至三日就會發芽。

3 綠化 & 收穫

長到4至5cm左右時移至明亮的位置,曬太陽、使之綠化後收穫。

雖細小,但營養價值驚人

白芝麻芽

推薦料理

茶泡飯裝飾
添加在燙拌青菜、鐵火丼

栽培DATA

適溫	20 至 25℃
環境	基本是在陰暗場所。生長後就在日照良好的場所,使之綠化。
收穫尺寸	3mm
科別	芝麻科

0日

1 泡水

洗淨種子後浸泡水裡。這時,攪拌後去除浮上來的種子。浸泡一天一夜的水後,就要將水倒掉,瀝乾水分。

除了有使血液暢通作用的卵磷脂之外,還有維生素E、鈣、鎂、鐵、食物纖維、油酸等,充滿對身體重要的營養素。而所謂的芝麻木酚素成分更是受到矚目。這是芝麻特有的抗氧化成分,芝麻油之所以比其他油難氧化,也正因如此,其抗老化效果,非常令人期待。

2至3日

10日

🌱 栽培訣竅

基於種子褪皮、油分的原因,比其他芽菜容易腐敗是其缺點。

2 置於陰暗場所,每天搖晃洗滌

瀝乾水分後蓋上箱子,置於陰暗場所。每天輕柔地搖晃洗滌幾次後,瀝乾水分。二至三日就會發芽。

3 綠化 & 收穫

長到3mm左右時移至明亮的位置,曬太陽、使之綠化後收穫。

Column

3

SUMMER

沐浴在陽光下
充滿活力的夏天蔬菜

春天發芽、夏天沐浴在陽光下，使蔬菜活力十足。葉、莖的綠色變濃，持續強而有力地生長。是植物能盡情綻放各式各樣的花朵的季節。這時，我們身體的新陳代謝也變旺盛，一刻也閒不住地想要外出。請保持愉快的心情出外郊遊、精神抖擻地度過吧！但千萬不可大意，元氣十足活動後也要適當休息，好好地度過夏天。

添加在日常飲食中

使身心冷靜

盛產期在夏天的蔬菜，很多都具有對抗暑熱，讓發熱的身體穩定下來的作用。請大量攝取番茄、茄子、節瓜等能冷卻體熱的夏天蔬菜吧！此外，一般認為，香草豐富的香味，有促進腸胃功能的成分。若能善用羅勒、百里香、奧勒岡等與夏天蔬菜相搭的香草，就有助於提升食欲、充分補充營養。

逼出身體的熱與濕氣

真正的夏天到訪前就是梅雨季。這時期的濕度高，身體和心理也因為濕氣的積存，而變得浮腫、倦怠、食欲不振。在這樣的季節，要仰賴的就是豆類。蠶豆、毛豆、腰豆有助於促進水分代謝，將熱與濕氣逼出體外。豆苗、黃豆芽、綠豆芽則可消除水腫，是常用於藥膳料理的食材，一定要在每天的飲食中攝取。

因熱而虛弱時
就藉助香草的力量

漢方中有句話是「醫食同源」。香氣也和醫藥一樣，能帶給身體、心理良好的效果、效用。濃郁的香味能激勵因天熱而脆弱的心情，帶來療癒效果。初夏到夏天是盛產期的香草，即鼓舞人心的存在。疲累時，就仰賴香草的力量吧！試著將薄荷、鼠尾草泡成香草茶，將迷迭香、檸檬香蜂草、薰衣草浸在紅酒裡泡出香味，享受一下這樣的香草酒吧！

促進水分代謝 將熱從體內逼出！

迷迭香藥膳酒、番茄與
羅勒、奧勒岡沙拉

收穫食材：・羅勒（Part2）
・奧勒岡（Part2）
・迷迭香（Part2）
・小番茄（Part4）

乾燥的奧勒岡與新鮮的羅勒，以橄欖油涼拌作成番茄沙拉。使用具有醒腦效用的迷迭香作成藥膳酒。也推薦加汽水調配。

以稍大的花盆栽種蔬菜・豆類

以小型花盆種植貝比生菜、香草之後，

不妨晉升一級，試著挑戰果菜、根菜類。

雖然是較大的蔬菜、豆類，卻不需要庭院一般的空間。

以稍大的花盆、花槽，一樣能收穫很漂亮的蔬菜。

掌握追肥的調整、摘芯等照顧的要點，

即使只有陽台等小型空間，也能享有種菜的樂趣。

在陽台栽種蔬菜・豆類時的工具・栽培方法

不論種子、幼苗都能種。栽培新手則建議從幼苗種起。

 栽培必要的用品・工具　種植蔬菜、豆類，必要的用品及適用的工具。

基肥

效力持久，適合長期栽培的固態肥料

生長上要花時間的果菜、根菜類，而非貝比生菜等短期栽培的蔬菜，就可將固態肥料當作基肥使用。若使用加入長期栽培用基肥的培養土，則不須使用。

追肥

視幼苗的狀態適當給予肥料

栽培途中要適當施予肥料時，就可使用速效性固態肥料或液態肥料。當葉子的顏色變淡，或生長不良時，就是肥料不足的象徵。

盆底網・盆底石等

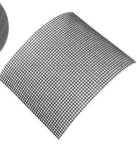

鋪在盆底後填上土壤

以大型花盆栽種時，為防止土的流失、害蟲的侵入，使通氣性・排水性良好，就要鋪盆底網、盆底石，上面再填入泥土。

支柱・尼龍束帶

▼支柱

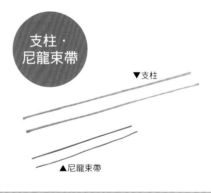

▲尼龍束帶

支撐果實變重的幼苗等的莖

會攀爬藤蔓的豆類，長得很高的果菜類等，要立支柱來支撐莖。以尼龍束帶、麻繩等將支柱與莖綁在一起。

栽培上必要的作業　蔬菜的栽培，藉由這些必要的作業，果實就能結得很好。

摘芯

摘取莖、枝尖端的作業

藉由摘掉莖尖端的「摘芯」作業，栽培出側芽後，葉子的數量就會增加、結果的狀況也會變好。而超越支柱的高度時，管理會變困難，請定期剪除。

除側芽

使成為主軸的莖長得好

為了果實長得好，要進行摘除從葉子基部長出來的側芽作業，使中心的莖長得健壯。為了營養能充分達到長在莖上的果實，也要摘除側芽。

立支柱

為免弄傷根部，支柱要立在與主莖稍有距離處

為免弄傷根部，支柱要插在離主莖稍有距離處。若將支柱綁在陽台欄杆、柱子上，就更能充分支撐莖。

尼龍束帶綁法

以8字結將支柱與莖綁在一起

以尼龍束帶在支柱上打結，結不要打得太緊，與莖形成8字結。為免傷到莖，結的輪狀部分要留點空間。也可使用麻繩。

果實結滿枝的人氣蔬菜No.1

小番茄

推薦料理

醃漬
便當的配菜

在家庭菜園中人氣十足的小番茄，能不斷收穫果實且容易栽培。開始結實後，就要持續三週追肥一次。不論從種子或幼苗栽種均可。

栽培DATA

適溫	25 至 30℃
環境	日照良好，排水良好的場所
科別	茄科　　　澆水　　土表變乾燥時充分澆水

生長周期 Calendar

	1月	2月	3月	4月	5月	6月	7月	8月	9月	10月	11月	12月
栽種												
開花												
收穫												

 栽培訣竅　據說，小番茄只要有節制地澆水，甜度就會變高。

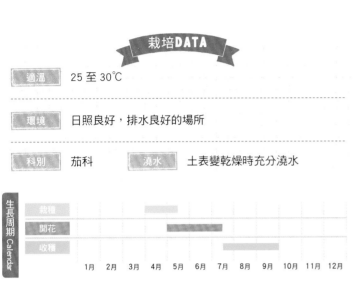

0日

1 選擇幼苗
莖粗大、長得筆直穩重，有長出最初的花芽，節與節之間間隔短者。

0日

2 取出幼苗
以手指夾住植株基部，慢慢將塑膠盆倒過來，溫柔地從塑膠盆中取出，以免傷到幼苗。

0日

本書使用8號盆

3 種入
將培養土放到花盆一半的高度。幼苗置於中心，再加入土到距盆邊緣約2cm的高度。

14至20日

4 立支柱
準備2m的支柱，立於花盆的角落。將莖綁在支柱上時，以繩子等打鬆鬆的8字結。

**幼苗還小時，
推薦使用免洗筷**

配合幼苗的大小使用支柱，才能充分支撐。例如，幼苗還小時，推薦使用免洗筷，而非粗又長的支柱，就不用擔心會傷到根。幼苗長大時，就配合樹苗的高度改變成長的支柱。

14至20日

5 除側芽
要讓養分輸送到主莖上，就要摘除從葉子基部長出來的側芽。

6 開花

會開黃色的花。最初開的花盡早摘取，藉此使營養輸送到整株幼苗而能夠收穫很多。

植株高度超過支柱時

9 摘芯

幼苗的節變5至6段以上後，就要摘除枝的尖端。藉此給予長在主莖的花芽充分的營養。

為免樹枝傾倒，要補強支柱

小番茄一長大，會漸漸往縱橫方向伸展，若只有縱向的支柱就容易變不穩。更何況長出果實時，果實的重量還會使支柱晃動。圓形花盆就立三根支柱，花槽就增加縱向支柱，橫向也要增加支撐。

60日

12 再次摘芯

收穫後，為給果實充分的養分，就要再次進行摘芯。藉由這次摘芯，就能長久收穫。

7 人工授粉

以手指輕觸這部分

風的吹動也會授粉，但第二朵花開之後就以手指輕觸花作人工授粉，才是比較確實的方法。

40至50日

10 改變方向

開始長出青色小番茄時，就要改變花盆的方向，使果實能充分曬到陽光。

50日後

11 收穫

從種植起到五十天左右，果實就會轉紅。小番茄會從下段部分依序開始成熟。

80日後

13 再次收穫

第一次收穫後，就將液肥或固態肥料進行置肥等勤快追肥，就能期待進一步的收穫。

開花之後

8 追肥

只有結實狀況不好時，才要施予比規定稀釋比例稀薄的液肥。但標準是10日至少施肥1次。

Point

只有葉子茂盛，原因就是肥料給太多

一旦肥料給太多，葉子就會長得茂盛。小番茄原本就有葉、莖容易茂盛的特徵。種植時若有加入基肥，施肥就要節制。追肥也只在結果狀況不佳時施予。

果實裂開，原因是水分太多

持續乾燥後，根突然吸取水分，就會引起果實裂開的情況。已裂開的果實要盡早收穫。為了增加小番茄的甜度，方法是盡量少澆水，但避免太過度。澆水要節制，但雨水等自然的水分補給就OK。

從果蒂摘取、收穫

收穫時，不要只摘果實，而是連果蒂一起摘取。若連果蒂一起收穫，會比只收穫果實更能長保新鮮狀態。訣竅是溫柔地彎凹果蒂上方來摘取。沿著果蒂上的節，就能漂亮的彎凹。

🏠 小番茄的種類　　有很多能在陽台栽種的種類，試著栽種各種小番茄吧！

Micro Tomato

直徑不到1cm的小番茄，但香味、甜味都很濃郁。除了紅色之外，也有橘色品種。

Fruits Yellow

酸味少、甜度高的黃色小番茄。比一般小番茄小，皮很軟、容易食用是其特徵。

Green Zebra

特徵是綠色、有縱向花紋的番茄。酸味強、果肉很扎實，所以吃起來有清脆的口感。

其他　其他還有小桃、Furutika、Orange千果。

🏠 當小番茄的栽種容易失敗時　　解決老是容易失敗的原因，好好地栽種吧！

**水給得太多，
味道就會淡而無味**

要種出甜的小番茄，水的管理很重要。確認土的表面乾燥後就給水。種植時已充分給水，但之後土變乾燥時，水還是要澆足夠。但若水給得太多，味道會變得淡而無味，請注意。

**溫度不恰當
就無法充分吸取營養**

若持續極度的高溫、低溫的狀態，就很難吸收水分和養分，生長停滯，果實在成熟前就會掉落。只有葉子長得茂盛時，原因可能就是肥料給太多，所以有必要控制追肥。結果實期間，要觀察果實的狀態，進行追肥。

**盡可能在晴天的日子
除側芽、摘芯**

疾病預防的方法之一，就是在晴天時進行除側芽、摘芯等整枝作業。若在雨天進行，充滿在空氣中的細菌就容易入侵。天氣晴朗的好日子，摘下來的部分容易乾燥、病菌不易入侵，因此重點是盡量在好天氣進行。

🏠 不適合混種＆適合混種的品種　　有的容易傳染疾病、有的會促進成長。

**茄科不行，
尤其避免馬鈴薯**

不要將同樣是茄科的植物，混種在一起。種小番茄時，若將同為茄科的馬鈴薯種在一起，小番茄就特別容易長蟲，或生長變差。此外，也要避免將玉米種在旁邊，建議以不同的花盆栽種。

**建議與羅勒等香草
一起栽種**

香草類是很適合與小番茄一起栽種的植物，不但成長會變好，也不容易長蟲。尤其是羅勒、紫蘇、荷蘭芹等，是推薦與小番茄混種的植物。如此相合的植物，被稱為「共生植物」。

最好在一株小番茄幼苗的兩側，分別各種一株羅勒幼苗。也推薦種荷蘭芹、紫蘇等。

茄子

茄子是非常耐夏天的暑熱,卻不耐乾燥的蔬菜,要謹慎地進行澆水。此外,盛夏時的澆水,建議趁早上地面溫度低時進行。與味噌超級相搭,能活用於味噌、田樂等運用素材味道的料理。

栽培DATA

適溫	發芽:25 至 30℃　成長:25 至 30℃
環境	日照良好的場所
科別	茄科
澆水	土表變乾燥時充分澆水

生長周期 Calendar

	1月	2月	3月	4月	5月	6月	7月	8月	9月	10月	11月	12月
栽種												
開花												
收穫												

🌱 栽培訣竅　種茄子的花盆,選擇口寬的,不如選盆深的。尺寸建議使用約10號盆。

0日

本書使用 8 號盆

1 種入花盆(參考P.78)

從塑膠盆取出幼苗,種入花盆裡。植株基部高度,調整成距盆邊2cm左右。

溫柔地取出
以免傷到根部

幼苗的根很嬌嫩,一傷到就容易生病,會有從根部枯萎的情況。以手指夾住幼苗、托著泥土般溫柔取出。將根與土剝開時,也不要傷到根部。若是可直接移植的紙筒,就能不破壞根部土球地種入。

0日

2 立暫時性支柱

為避免幼苗被風等吹倒,要立暫時性支柱。使用一根支柱,直至植物長大,以尼龍束帶等鬆鬆綑綁固定。

10至15日

3 開花

花苞長大,開出紫色的花。第一朵開的花,日文稱為「一番花」,請摘掉。

長到20至30cm

4 摘除側芽

花開、高度長到20至30cm時就去除從葉子基部長出來的側芽,培育出兩根樹枝。

以雌蕊的狀態
確認是否養分・水分的不足

如圖,位於花中心的雌蕊比周邊的雄蕊凸出,就表示生長順利。若比雄蕊低就是養分、水分不足,請進行追肥。

 立真正支柱

準備三根120cm左右的支柱，立真正的支柱，將支柱交叉綁在一起作出主要支柱，誘導分枝長出去的各樹枝。

一旦結果實就追肥

開始長出果實後，就兩週一次，在植株基部施予比規定稀釋比例稀薄的液肥，或將緩效性固態肥料進行置肥。

盡早收穫最初的果實

最初的果實長到姆指般大小時就收穫，將養分留給尚未停止生長的幼苗。

Point

梅雨時期 注意病蟲害

梅雨是容易發生病蟲害的時期。尤其茄子是容易感染灰黴病的品種。多半是從枯萎的葉子感染的，花、果實、葉子都會長灰色黴菌，出現茶色凹陷的斑點。在高濕度環境更會飛散傳染，請栽種在排水良好、照得到陽光的場所。

從這部分剪取

再次收穫

為長期享受收穫樂趣，果實成熟後沒長得太大前就要收穫。

修剪樹枝 準備秋茄

隨著反覆的收穫，植株會漸漸變弱。盛夏時要將樹枝修成一半左右，並勤於修剪枯掉的葉子、樹枝。此外，要兩週追肥一次左右。如此就會再長出新芽、花芽，而能收穫秋天的茄子。

🏠 茄子的品種　基本的栽培方法一致，只有澆水的分量等要稍微不同。

除了具代表的紫色茄子之外，還有帶斑紋、綠色的茄子。
由於有很多能在陽台栽種的品種，試著栽培各式各樣的品種吧！

水茄

水嫩嫩地
葉子、花朵、果實都很大

特徵是不論葉子、花朵、果實都比普通的茄子大。栽種時要充分立支柱。少澀味、可以生吃，有微微的甜味。

斑紋茄

口感近似水茄
有斑紋

栽種時，和水茄一樣要多澆一點水。果實是淡紫色，且帶有斑紋。口感近似水茄，水嫩的果肉是特徵。

加茂茄

特徵是有大型葉子的
圓形茄

由於葉子很大，請摘掉葉子，使果實能照到陽光。比普通的茄子纖細脆弱，請圍網子栽種。果實具有彈性，不容易煮爛。

長綠茄

果實很長
蒂頭和果實都是綠色

會長出長20cm左右的果實。由於果實大，為免樹苗傾倒，一開花就要比普通茄子更充分立支柱。蒂頭也是綠色的甜果實，很柔嫩。

豌豆

推薦料理
味噌湯
豌豆飯

果實、豆莢都好吃的豌豆。在幼苗時期最具有耐寒性。請注意若冬天時幼苗長得太大，很難度過冬天。

栽培DATA

適溫	15 至 20℃ 25℃以上生長會變差
環境	日照良好的場所
科別	豆科
澆水	土表變乾燥時充分澆水

生長周期 Calendar												
播種												
開花												
收穫												
	1月	2月	3月	4月	5月	6月	7月	8月	9月	10月	11月	12月

栽培訣竅 在日照良好場所栽種，就能種出新鮮綠色的豌豆。

0日

本書使用相當12號盆

1 準備種子
從種子栽種豌豆時，秋天播種要在10至11月下旬，或在2月上旬至3月中旬進行，以小型植株狀態度過冬天。

1日

2 播種
以手指、瓶蓋等在土壤表面挖洞，種入約兩顆種子。以手指覆蓋泥土後，充分澆水。

幼苗長到
6至7cm時

3 進行間拔
本葉長齊時就進行間拔，只留一枝主莖。植株高度長到6至7cm左右來度過冬天最理想。移至不會遭受霜害的場所。

幼苗長到
15cm時

4 進行摘芯
初春，植株高度長到15cm左右，就進行摘芯，摘芯後就培育子蔓、孫蔓。

播種後 注意鳥類

豌豆的種子是鳥類最喜歡的食物。從播種時期到長出芽、植株安定為止，還有長果實時，要特別注意。由於鳥類連豌豆的葉子、藤蔓都吃，請掛防鳥網、不織布等因應。鳥也討厭光的反射，放置CD、銀色膠帶也有驅鳥功效。

Point

以寒冷紗 防寒、防風、防蟲

寒冷紗可保護植物遠離寒冷，不受蟲・鳥的侵襲。也可以能覆蓋花槽的大型塑膠袋取代。有不同的厚度、密度等各種類型，當作遮光罩也很棒。

藤蔓開始
伸展後

冒出
花苞時

從開花到
15至40日

5 準備支柱與網子

當藤蔓開始長出時就要準備支柱與網子，誘導伸出來的藤蔓。

6 開花

屬甜豆同類的豌豆，會開小型、可愛的花。依品種，花的顏色會不一樣。

7 收穫

一旦花謝，就會長豆莢。趁豆莢很嫩時收穫。荷蘭豆的適當收穫期是豆身稍為膨脹時。

Point

不喜歡多濕
種在稍微乾燥的環境

由於豌豆不喜歡多濕，所以水澆得太多，生長就會變差。要在稍微乾燥的環境栽種。在多濕的環境，豌豆會出現葉子綠色變淡、莖的生長方式變差、容易有根腐等症狀。

無藤蔓的種子
也會長出藤蔓

「無藤蔓種子」其實還是會生長出50cm至1m的藤蔓。無藤蔓種子也要立柱子、誘導其伸展，如此通風才會良好、好好生長。立三至四根支柱且橫向穿繩子，藤蔓自然就會攀爬到支柱與繩子上。「有藤蔓者」也是同樣的立支柱法。

建議少施點
肥料栽培

豆科植物的根，會長所謂的根瘤菌球狀物。根瘤菌是土壤中的細菌，扮演著將空氣中的氮固定，供給植物的角色。藉此植物會被供給必要的養分，所以即使施予比較少的肥料也能栽培。

 ## 豌豆的種類　　豌豆依收穫時期會有不一樣的名稱，吃法也不同。

依收穫時期改變名稱

荷蘭豆、甜豆、豌豆，全部都是豆科豌豆屬。栽培上的差異處，只有收穫時期。雖然同樣是豆科的豌豆，但現在經過改良，種子有時會被當作其他品種在市面上販售。荷蘭豆的豆莢扁平，豌豆的豆莢圓鼓，甜豆則是合併兩者的好處。

豆莢長胖時
甜豆

豆莢肉厚且圓鼓，裡面的大型豆要連莢一起吃。豆莢有咬勁，常作成下酒菜、沙拉、涼拌菜、天婦羅等各種料理，也有甜味，是近年受歡迎的蔬菜。

豆莢還幼嫩時就採摘
荷蘭豆

可連莢一起吃的荷蘭豆，特點是有清脆的口感。顏色鮮豔，最適合當作燉煮料理、清湯等的綴飾。

豆莢產生皺褶時
豌豆

豆莢不能吃，通常是將裡面的豆子燙過後吃。剛收穫時風味最佳，連不愛吃豌豆的人都會覺得好吃。食物纖維的含量多，可說是頂級的豆類。

四季豆

推薦料理
天婦羅
什錦炒蛋

四季豆比起其他藤蔓植物，短期間就能收穫，不挑場所、能輕鬆在簡單的容器裡栽種是其魅力。豆莢很大、有咬勁，最適合當料理的綴飾。

栽培DATA

適溫	20 至 25℃
環境	日照良好的場所
科別	豆科
澆水	土表變乾燥時充分澆水

生長周期 Calendar

	1月	2月	3月	4月	5月	6月	7月	8月	9月	10月	11月	12月
栽種				▓	▓	▓						
開花					▓	▓	▓					
收穫						▓	▓	▓				

※播種在4至6月

🌱 **栽培訣竅** 討厭移植，建議一開始就種在大型花盆裡。

0日 本書使用8號盆

1 種入花盆（參考P.78）

從塑膠盆取出幼苗，種入花盆裡。選擇幼苗的葉子大、且節間十分健壯者。

0日

2 進行培土

培土、澆水之後，二至三日置於日陰處。幼苗穩定後，就移至日照良好、不太會吹到風的場所。

30日

3 開花

從栽種經過一個月左右，就會花朵齊放。從此時經過十至十五日就是收穫期。

30日

4 立支柱

為方便管理，距根基部稍有距離處一株立一根支柱，以尼龍束帶打8字結（誘導方式，參考P.57）。

開花後10至15日

不要用手採，以剪刀從蒂頭頂端剪下

5 收穫

收穫時期短，趁幼嫩採摘比較鮮嫩美味，從豆莢飽滿者可不斷採收。

收穫前後

6 進行追肥

收穫前後容易變營養不足，請進行追肥。兩週一次左右，施予比規定稀釋比例稀薄的液肥。收穫後會再長出花芽。

不挑季節，輕鬆就能栽種

小蕪菁

推薦料理
淺漬
燉煮料理

一整年都能種，不用特別的管理，即便是新手也能輕鬆栽培的根菜。短期間就能收穫也是其魅力之一。小蕪菁的根與葉子都能吃，維生素、礦物質含量豐富。夏天容易長害蟲，請注意。

栽培DATA

適溫	發芽：20 至 25℃　生長：15 至 20℃
環境	日照良好，明亮的位置
科別	十字花科
澆水	土表變乾燥時充分澆水

生長周期 Calendar

	1月	2月	3月	4月	5月	6月	7月	8月	9月	10月	11月	12月
播種				春天播種					秋天播種			
收穫												

🌱 栽培訣竅　有點不耐乾燥、天熱，建議新手在9月左右播種。此外，要充分進行間拔、製造出株距。

0日

1 播種

將土放入花槽裡，條狀式播種。覆蓋能遮住種子的泥土後，充分澆水，直至發芽在日陰處進行管理。

本書使用花槽

5至10日

2 移至日照良好之處

發芽後移至日照良好的場所，一發現乾燥就充分澆水。

10至20日

3 間拔（兩次）

葉子混雜在一起時就進行間拔、培土。葉子與葉子之間再次碰觸在一起時，就要再次進行間拔、培土。

20至30日

4 進行間拔＆培土

讓植株間距保持5cm以上，若有必要就進行間拔。間拔之後要培土，以免根部浮凸出土表。

30至40日

5 進行追肥＆培土

葉子長出六片左右，就每十天一次施予比規定稀釋比例稀薄的液肥來取代澆水。為免根部浮凸出土表，要進行培土。

50至60日

6 收穫

根部直徑長到5cm左右時就收穫。若超過5cm以上就會裂開，請注意。

61

小蘿蔔

推薦料理
韓式拌菜
淺漬

※本書使用花槽

日本的別名是「二十日大根」，能夠短期間內收穫，因此性急的人也能享受栽培的樂趣。依種類能種出紅、紫、黑、白等不同色彩的小蘿蔔，連小孩子也能愉快栽種。不只是根部，連葉子也能吃，可用於燙拌青菜、沙拉。

栽培DATA

適溫	發芽：13 至 30℃　生長：18 至 30℃	
環境	日照良好，含很多營養的土	
科別	十字花科	澆水　一發現乾燥

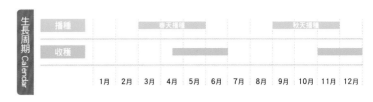

生長周期 Calendar													
播種				春天播種					秋天播種			
收種												
	1月	2月	3月	4月	5月	6月	7月	8月	9月	10月	11月	12月

栽培訣竅

以直徑2cm左右為準，不要錯過收種時期。

1 播種

將土放入花槽裡，條狀式播種（參考P.77），並薄薄覆蓋一層土。直至發芽，蓋上報紙遮光，要勤於澆水，以免乾燥。發芽後，移至日照良好的場所。

2 進行間拔

葉子長齊、混雜在一起時，就以葉子與葉子不會碰觸的間隔進行間拔。間拔之後，以手指在植株基部進行培土，以免植株基部、根部裸露出來。

3 收種

植株基部的直徑長到2至3cm、從土裡裸露出來時就收種。手抓著植株基部拔出來。生長遲緩時，有可能養分不足，因此要進行追肥。但過度施肥，會只有葉子茂盛，請注意。

秋葵

推薦料理
秋葵納豆
涼拌芝麻

本書是使用花槽

具黏液的秋葵，含豐富的黏蛋白、水溶性食物纖維果膠等，能有效防止夏天的暑熱。正因為是夏天蔬菜，非常耐熱且健壯，所以容易栽種是其特徵，且能觀賞美麗花朵。從種子種起也比較簡單。

栽培DATA

適溫	20 至 30℃	
環境	高溫場所	
科別	錦葵科	澆水　一發現乾燥

生長周期 Calendar													
栽種						※播種在4月末至6月末						
開花												
收種												
	1月	2月	3月	4月	5月	6月	7月	8月	9月	10月	11月	12月

栽培訣竅

為免缺水，一日一次，泥土乾燥時就澆水。只要開花，經過三至四日就是食用期，一旦過了收種時期，就會變硬，請注意。

1 種入花盆（參考P.78）

從塑膠盆取出幼苗，種入花盆裡。覆蓋能稍微蓋住植株基部的泥土，充分澆水，從栽種起二至三日要在日陰處進行管理。

2 開花後就進行追肥

從栽種經過一個月左右，就會開始開綠色的花。兩週一次左右，施予比規定稀釋比例稀薄的液肥以取代澆水，或將速效性固態肥料進行置肥。只要花謝，果實就會開始長大。

3 收種

果實5至6cm大時就收種。以剪刀剪取莢的基部。收種後要剪掉莢下邊的葉子，使養分、水分能輸往剩下的果莢。要注意肥料的缺乏，所以使用置肥很方便。

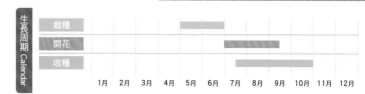

加在料理裡，增添一些辣味

辣椒

推薦料理

葉子的佃煮
乾辛辣料

本書使用花槽

常用於義大利麵、中式料理的辣椒。由於具防蟲、殺菌效果，所以能廣泛運用。容易栽培得健壯，一次收穫就能採摘很多，所以推薦給新手。收穫後，若放在通風良好處完全乾燥，就能長時間保存。

栽培DATA	
適溫	25至30℃
環境	高溫、充分照到陽光的場所
科別 茄科	澆水 土表變乾燥時充分澆水

生長周期 Calendar

	1月	2月	3月	4月	5月	6月	7月	8月	9月	10月	11月	12月
栽種					▓▓							
開花						▓▓▓▓						
收穫							▓▓▓▓▓					

栽培訣竅

不耐乾燥，根的伸展淺。為避免乾燥，要充分給水。

1 種入花盆（參考P.78）

注意不要破壞根部土球，從塑膠盆取出幼苗，種入花盆裡。由於不耐寒冷，要選在溫暖的日子栽種。建議選幼苗的葉子挺立者。

2 修枝、進行追肥

開始開白色小花時，就開始追肥。約兩週一次，施予比規定稀釋比例稀薄的液肥。

3 收穫

種入後約經過兩個月就能收穫青色辣椒，再經過一個月左右就能收穫紅色辣椒。將辣椒連葉柄一起長長剪下來收穫。綠色的葉子可當葉辣椒，能作成佃煮等。

增加炒菜、油炸料理的色彩

糯米椒

推薦料理

天婦羅
燙拌青菜

本書使用花槽

植株小、會結很多果實，所以能大量收穫。含有維生素C等營養素，但直至完全熟成變紅色，營養價值會更高。喜歡高溫，比較耐乾燥，所以推薦給種菜的新手。

栽培DATA	
適溫	20至30℃
環境	日照良好的場所
科別 茄科	澆水 土表變乾燥時充分澆水

生長周期 Calendar

	1月	2月	3月	4月	5月	6月	7月	8月	9月	10月	11月	12月
栽種					▓							
開花							▓▓▓▓▓					
收穫								▓▓▓				

栽培訣竅

種過茄科植物的泥土拿來再利用，容易引起再植病或生病，請注意。

1 種入花盆（參考P.78）

從塑膠盆取出幼苗，種入花盆裡。要充分澆水。建議選幼苗莖粗壯、本葉長有十片左右者。不耐寒冷，請選溫暖的日子栽種。

2 修枝、進行追肥

經過兩週左右，就立支柱，鬆鬆地與主枝綁在一起固定。當開始開花，就三週一次左右，施予比規定稀釋比例稀薄的液肥。一開出一番花就摘掉側芽，修剪掉花下面的葉子。

3 收穫

果實長度長到7至8cm時，就是收穫的時機。將辣椒連葉柄一起長長剪下來收穫。不採收而放著不管，就會完全成熟成紅色或黃色。

AUTUMN

秋高氣爽好時節
溫暖身體的秋天食材

盛夏一過，陽光開始變溫和，早晚的空氣變涼爽，就開始散發出秋天的氣息。在夏天期間長大了的植物迎來結果時期，而我們因夏天的熱氣變得焦躁的心理與身體，也逐漸平靜下來。季節交替之際，是身體狀況紊亂、容易感冒的時期。由於空氣乾燥，所以保護喉嚨、鼻子、肌膚、腸胃等很重要。攝取含水分多的水果、能溫暖身體的食材，準備過冬吧！

添加在日常飲食中！

以燉芋頭雞，使腸胃恢復健康

要補充夏天消耗的能量，使因暑熱而衰弱的胃腸恢復健康，提升消化吸收能力就很重要。秋天，當令的芋頭具有滋養強壯作用，也能強化胃腸的功能。若與有助於消化吸收且不會造成胃腸負擔的雞肉一起烹調，就有更好的效果。再加上營養價值高的芽菜當裝飾，就是一道營養均衡的料理。

添加「白色食材」防止乾燥

早晚溫差變大、濕度變低的秋天，是容易乾燥的季節。在冬天來臨、急遽變乾燥之前，要先滋潤心理與身體的乾渴。一般認為，海蜇皮、百合根、銀杏、蓮藕、白芝麻、蜂蜜、豆腐等白色食材，具有滋潤喉嚨、鼻子、皮膚等的效用。蜂蜜中加入天竺葵、薰衣草釀成「香草蜜」，再試著加入溫牛奶、豆漿中調勻，慢慢品嚐這調和的香甜滋味，身體就能從內在滋潤起來。

當令水果中加香草

漢方中也認為，將酸味與甜味搭在一起，就會獲得滋潤。乾燥的對策上，推薦充滿水分、又甜又酸的當令水果。梨、柿子、蘋果等秋天美味的水果，據說具有滋潤肺部、喉嚨、解渴的作用。也可以百里香、迷迭香、時蘿等香草醃漬，或與檸檬香蜂草、薄荷一起作成果凍……加入香濃的香草後，就能促進腸胃蠕動，有助於消除便祕，更能提升滋潤度。

能使虛弱的腸胃
恢復元氣的一道菜！

燉芋頭雞肉
加蘿蔔嬰
收種野菜：蘿蔔嬰（PART 3）

容易乾燥的秋天，使用滋潤食材作成燉煮料理。以微辛辣的綠色蘿蔔嬰當綴飾。

以太空包栽培菇類

若使用太空包，菇類也能隨意地栽培。
由於是使用已埋入菇類菌種的栽培木屑塊，
只要澆水保持其濕度，
就不需要再追加肥料。
或許外觀看起來有點平凡不起眼，但營養價值很高。
沒有任何困難的步驟，請務必挑戰看看！

菇類太空包

〔諮詢商家〕

森產業株式会社
HP：http://www.rakuten.co.jp/drmori1/

株式会社北研
HP：http://www.rakuten.ne.jp/gold/hokken-shop/

栽培菇類時的工具・栽培方法

菇類的栽培，建議使用以栽培木屑塊製作的太空包。菇類的生長，保持濕度最重要。

栽培菇類必要的工具　　備齊栽培菇類時必要的用品及適用的工具。

備齊必要的工具會很方便

栽培木屑塊裡已放入菇類的菌種。只要噴水、保持濕度，放在避開陽光直射・高溫處，就能享受栽培菇類的樂趣。

※依廠商，栽培方法會有點不同。一定要遵照放在包裝內的說明書進行栽培。

噴水壺

使用噴水壺，就能整體均勻地噴灑水分，也不容易傷到栽培木屑塊。太過乾燥會有長青黴的情形，因此使整體表面均勻地濕潤很重要。

栽培木屑塊的特徵與栽培訣竅　　只要好好地栽培，就能收穫好幾次。

① 栽培環境：使菇類容易生長

菇類喜歡具濕度的環境

置於以下的環境栽培：
①使栽培木屑塊常保濕潤。
②置於陽光不會直射的場所。
③在10至20℃進行管理，不要置於高溫場所。

② 栽培生長期：栽培時要保持濕度 75%

適合的季節是秋天到春天

適合栽培菇類的溫度是5至20℃，濕度則是75%左右最恰當。秋天最接近這樣的環境，因此第一次栽培菇類的新手，建議從秋天開始。

③ 再次收穫：收穫後的維護是再次收穫的祕訣

 **香菇的作業**

1 收穫

為免菇類殘留在栽培木屑塊上，長出來的菇類要全部採收。這時要溫柔地採收，以免傷到栽培木屑塊。以手難以採收時，建議使用剪刀。

2 泡水

在能放進整個栽培木屑塊的容器中，泡水12小時。12小時後，若木屑塊沒變重，就表示並未充分吸水。要以錐子刺幾個洞，再次泡水。

 共同的作業

3 裝入保濕袋

將栽培木屑塊再次裝入附在太空包中的保濕袋等裡面。將袋口打開一半，製造出通氣口，以洗衣夾等夾住。

4 再次收穫

第二次以後，只要調整澆水及栽培環境，就會再次長出菇類。若進行得順利，一個栽培木屑塊能收穫三至四次，請嘗試看看。

食物纖維、礦物質豐富
香菇

推薦料理
燒烤
肉餡

香菇含有使骨頭強健的維生素D。香菇嘌呤中可降低血中的膽固醇，具促進血流的作用，能有效預防高血壓、高血脂症。香菇不但低卡路里，食物纖維也豐富。收穫後、料理前，曬太陽30分鐘至1小時，能提升維生素D。

栽培 **DATA**

適溫	10 至 20℃
環境	室內不會直接照到陽光的場所
直至收穫為止	7至10日	科別	口蘑科

栽培訣竅 即使在適溫內，若濕度低，生長速度就會變慢，濕度高就長得快。

1 盡早開始栽培
一購買太空包，就盡早開始栽培。不然有可能會在袋中長出香菇。

2 使含水分
將栽培木屑塊放在流水下沖洗，在裝栽培木屑塊的袋子裡加水浸泡30分鐘，放入附屬的保濕袋、栽培容器中以噴水壺澆水。

3 以噴水壺保持濕度
當栽培木屑塊表面變乾時，就澆水（一天澆一次左右），放入保濕袋裡保持濕度。不久就會冒出芽。

4 置於陰暗涼爽的場所
置於溫度比較恆定的場所（夏天就放在保冷袋或冰箱冷藏庫裡）。經常檢查，不要讓表面變乾。

5 收穫
快看到菌傘內側的皺褶時，就是收穫時期。以剪刀等收穫，以免傷到栽培木屑塊。

6 再次收穫
長出來的香菇全部採收，就再次泡水放入保濕袋（參考P.66「再次收穫」）。若進行順利，可收穫三至四次。

特有的黏液是一種名叫黏蛋白的水溶性食物纖維。一般認為，具有保護黏膜、抑制眼睛乾澀、胃部發炎、潤澤的作用。也能有效預防一般感冒、流行性感冒。

栽培訣竅 若溫度高就不會發芽，要在15℃以下的涼爽處進行管理。

栽培DATA		
適溫	10 至 15℃	
環境	室內不會直接照到陽光的場所	
直至收穫為止	約 40 日	科別 球蓋菇科

推薦料理
燴滑菇
味噌湯

1 袋裡蓄水
以剪刀剪開袋子的上部，以湯匙等削除栽培木屑塊上方的白色部分。在袋中蓄水，擱置30分鐘左右。

2 裝入含水的赤玉土
打開赤玉土的袋子，噴水後使之含水。在栽培木屑塊上鋪放1至2cm的赤玉土。

3 閉合袋口，保持濕度
為作出通氣口，以廚房用剪刀等將袋口閉合一半。二至四週就會開始發芽。

4 收穫
快看到菇傘內的縐褶時就收穫。可以手採收，但不好採收時也可以剪刀或刀片剪取。

無澀味，非常適合料理
金針菇

一提到金針菇，一般都會聯想到白又細長的金針菇，但野生的金針菇是茶色的，菇柄短、菇傘稍大，且無澀味、味道清淡，與任何食物都相搭，作成各種料理，可享受清脆的口感。

栽培訣竅 若溫度高就不會發芽，要在18℃以下的涼爽處進行管理。

栽培DATA		
適溫	10 至 18℃	
環境	室內陽光不會直射的場所	
直至收穫為止	約 40 日	科別 膨瑚菌科

推薦料理
煮湯
嫩煎金針菇

1 袋口半閉著栽培
以與滑菇1至2相同的步驟，準備好栽培木屑塊。為作出通氣口，只閉合一半的袋口來栽培。

2 二至三週就發芽
置於室內不會直接照到陽光的日陰處。當栽培木屑塊表面變乾時，就以噴水壺澆水。二至三週就會發芽。

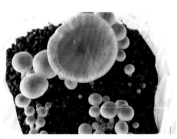

3 經常保持赤玉土的濕度
發芽後，為避免赤玉土變乾，就要澆水。當金針菇長大，隱藏在菇傘下的泥土也要澆到水。

4 收穫
當菇傘開始撐開，就是收穫的時機。可以手摘取，也可以剪刀或刀片採收。趁菇傘未完全撐開時，進行收穫。

特徵是具粗胖、有彈性的菇柄

杏鮑菇

推薦料理
奶油醬烤杏鮑菇
紅燒杏鮑菇

歐洲自古以來就有食用杏鮑菇，但日本是1990年代以後才開始栽培。即使加熱菇傘也不會縮水，口感一點也不會減損，吃起來很過癮。

🍄 **栽培訣竅** 立刻取出栽培木屑塊，開始栽培吧！

栽培 DATA		
適溫	10至18℃	
環境	室內不會直接照到陽光的場所	
直至收穫為止	約40日	科別 側耳科

1 袋口半閉著栽培

以與滑菇**1**至**2**相同的步驟，準備好栽培木屑塊。為作出通氣口，只閉合一半的袋口來栽培。

2 二至三週就發芽

置於室內不會直接照到陽光的日陰處。當栽培木屑塊表面變乾時就以噴水壺澆水，保持濕度。二至三週就會發芽。

3 經常保持赤玉土的濕度

發芽後，為避免赤玉土變乾，要澆水。依放置場所的環境會有不同，大概兩天澆一次水。

4 收穫

栽培長大、菇傘呈水平狀態時就收穫。盡可能從根基部收穫。

不論是日式、西式、中式料理都OK

秀珍菇

推薦料理
蒸飯
炒味噌奶油

秀珍菇因形狀近似手掌，所以也被稱為「平菇」，是菇類中含很多維生素B群者。和其他菇類一樣，食物纖維也豐富。無澀味、口味清淡，與各種料理非常相搭的菇類。

🍄 **栽培訣竅** 不耐高溫多濕，栽培木屑塊表面變乾就澆水。

栽培 DATA		
適溫	10至18℃	
環境	室內不會直接照到陽光的場所	
直至收穫為止	40日至	科別 側耳科

1 事前準備

以與滑菇**1**至**2**相同的步驟，準備好栽培木屑塊。為作出通氣口，只閉合一半的袋口來栽培。二至三週就會發芽。

2 以噴水壺澆水

置於不會直接照到陽光的室內。當栽培木屑塊表面變乾時，就以噴水壺澆水，保持濕度。

3 經常保持赤玉土的濕度

發芽後，為避免赤玉土變乾，就要澆水。依放置場所的環境會有不同，大概兩天澆水一次。

4 收穫

在菇傘綻開前收穫。由於生長迅速，請注意不要錯失收穫時機。

WINTER

能溫暖＆調整身體
幫助我們克服寒冷的冬天蔬菜

氣溫下降、空氣的乾燥變激烈的冬天。所有生物都變得毫無生氣、寂靜。植物落葉、動物開始冬眠。我們也要作好迎接來年春天的準備，好好充電、蓄積體力。一旦寒冷變嚴酷，血液循環就會變差，容易出現手腳冰冷、肩膀僵硬、膝蓋或腰痛。因此，有意識地攝取能溫暖身體、促進血流的食材就很重要。只要克服嚴酷的寒冷，春天就會來臨。

添加在日常飲食中

吃菇類能提振精神

菇類是能提振因營養不足、能量不足而衰弱的身體，提高身體抵抗力的食材。除了感冒、流感的預防之外，也有助於春天的花粉對策，請將香菇等菇類運用在日常飲食中。此外，不熬夜、充分的睡眠也很重要。

在湯或鍋物最上面放促進血行的蔬菜

對付冬天的寒冷上，不可缺少暖氣。但一般認為，將室內弄得太過溫暖，身體自行加溫的能力就會減弱。在這季節，要用心攝取具促進血液循環作用的辛香蔬菜，使身體從內在溫暖起來。將蝦夷蔥、香菜、紅芥末等當湯品的裝飾，或將青蔥、鴨兒芹加在鍋物中，或使用大蒜、薑作成佐料。

香草加在能溫暖身體的紅茶中

一般認為，綠茶能消除多餘的體熱，紅茶則能溫暖身體。試著在熱紅茶中加入迷迭香、陳皮吧！藥膳、漢方中會使用具促進血行效用的陳皮，調整腸胃狀況，或改善新陳代謝。反之，在暖氣很暖的屋裡臉發燙時，會以飄浮著薄荷的溫暖綠茶來降溫。也推薦用在開會等工作的心情激動時，清爽的香味有助於轉換心情。

能使燥熱的身體冷卻下來

薄荷綠茶

本來，並不推薦在冬天喝薄荷與綠茶等降溫的食材，但因暖氣太暖而臉發燙時，或充滿壓力時，就可泡成熱茶來喝。

栽培的基礎知識

以下介紹在廚房‧陽台菜園裡
必要的最基本知識。
請檢視栽培成功的重點。
活用本書介紹的訣竅、
以身邊事物替代工具等點子，
更輕鬆、妥善地栽種吧！

進行栽培的必備工具

 配合植物的特性、大小，選擇適當的器皿。

環保盆

優點 使用米糠、木屑等製成的花盆。特徵是對環境友善，依植物的種植狀態，經過一段時間就會被土壤分解。

缺點 由於有被土壤分解的特性，經過一段時間就會脆化，所以不適合長期使用。

紙盆

優點 適合種子的栽種，也能連幼苗一起種入花盆裡。由於會直接在土壤中分解，所以不費工夫。

缺點 不耐久，不適合長期栽培的品種。由於根會長出盆外，所以有必要適當地移植栽種。

馬口鐵罐・鐵水桶

優點 可將中意的馬口鐵罐拿來當花盆。保留原始設計，當成居家飾品。

缺點 由於沒排水孔，有必要鑿孔洞。參考同樣大小的花槽，調整其排水。

手工製作容器

享受自製花盆的樂趣

建議將空罐、水桶的表面著色，或黏貼包裝紙，製作出獨特的花盆。裝入泥土前清洗乾淨，以鐵釘或鑽子與鐵鎚鑽洞後使用。

素燒花盆

優點 透氣性佳是其特徵。適合栽種香草等喜歡排水性高的品種。

缺點 水分的蒸發快，澆水的頻率會比其他花盆多。具重量，不方便頻繁的移動。

花槽

優點 面積寬廣，所以能一次栽種很多。常用來種大型蔬菜。

缺點 由於須要較大的放置場所，所以陽台等要有足夠的空間。放入很多泥土就會變重，移動不方便。

玻璃製容器・陶瓷器皿

優點 用於栽種芽菜、水耕蔬菜。若是透明的容器，還能觀察生長過程。也適合當作室內設計用品。

缺點 無法排水，所以只適用於芽菜、Reuse蔬菜等的水耕栽培。

牛奶盒等可回收容器

優點 將平常會丟掉的牛奶盒拿來再利用，可免費取得花盆。充分洗淨後使用吧！

缺點 無排水孔，所以有必要鑽洞。不耐久使用，所以有必要移植栽種。

 若事前準備好，就能打造出對植物的發芽、生長有益的環境。

園藝手套

以大型花槽栽種時，除了不弄髒手之外，也能防止手受傷。有塑膠、布、具浮雕花紋等各種材質。也可以工作用棉手套取代。

花土鏟

筒狀的鏟子，用於將土盛裝到花盆、花槽時。有各種尺寸、材質的花土鏟，分別配合容器的大小使用吧！

水盤・花盆墊

有可分別用於土質細者與土質粗者的套裝組合。若有大型的水盤，一次就能過篩大量的泥土，讓作業順利進行。

脫脂棉

栽培芽菜時，將種子置於弄濕的脫脂棉上。推薦使用厚的脫脂棉。也可以海棉或棉紗替代。

依栽培品種，會有不同的必備工具、環境。但不必備齊所有的品項。
即使不是園藝用品，善用身邊的物品來取代，也是園藝的樂趣之一。

🏠 日常照護所必要的工具　介紹能使收穫前的步驟順利進行的必需用品。

噴水壺

播種後，若種子有所流動，就會有發芽遲緩的情況，因此以噴水壺澆水。芽長得幼小時，也要以噴水壺溫柔地澆水在植株基部，是栽種的訣竅。

細口灑水壺

口很細，所以能比一般灑水壺更精準地澆水。可直接將水澆在植株基部，因此施予液肥時很方便。

灑水壺

有蓮蓬頭的灑水口，要大範圍澆水時很方便，能有效率地給大型花盆澆水。想將水分澆在葉片上時，也很方便。

水盤

鋪放在花盆、花槽等下面，以承接從花盆流出來的水。是室內栽培的必需品。由於是造成根腐的原因，請避免水的蓄積。

剪刀

用於間拔、收穫、疏拔等植物的修剪時。在進行精細作業時，有時廚房剪刀會比大型的園藝花剪更好用。

小型湯匙・竹籤

以小型容器栽種時，若具備會很方便的用品。湯匙可取代鏟子，用於增土等程序時，竹籤則可用於間拔時輕壓葉子。

支柱

用於香草、大型蔬菜、豆類等的栽種。支撐著幼苗，以免其傾倒。由於有各種粗細、長度，選擇適合花盆、植物者。

包塑鐵線或綁繩

包覆塑膠膜的細鐵絲線，用於將幼苗誘導到支柱上時。能以剪刀簡單裁剪，所以太長時就調整其長度。也可使用麻繩。

保特瓶

要事先稀釋液肥時，很方便的用品。建議使用2公升容量的保特瓶。為免含有原來飲料的成分，充分清洗乾淨後使用。

醬料瓶

裝醬油等液體調味料的瓶子。要澆水、施予液肥時，很方便。由於可慢慢擠出瓶內的內裝物，所以不必擔心一次擠出太多。

紙箱

栽培芽菜時，一定要打造出「陰暗場所」。準備可容納容器尺寸的紙箱，只要覆蓋在上面即可。選擇乾淨的紙箱。

🏠 日常的便利物品　有效活用容易取得的日用品吧！

報紙

光線少會比較容易發芽的植物，就可在播種後以報紙覆蓋來遮擋光線。此外，要避免弄髒作業空間時也很有用。

保鮮膜

用於發芽時需要光線的品種。為防止冬天的乾燥，到發芽為止的期間覆蓋保鮮膜，就容易保持濕度。若密封會有發霉的情況發生，請蓬鬆地覆蓋。

對不耐寒品種的保濕

冬天，栽培發芽時須要光線的品種，能活用的就是具保濕效果的保鮮膜。覆蓋保鮮膜時不可以密封，而是輕輕覆蓋住、留有開口的狀態。一旦發芽，就要立刻拿掉保鮮膜。

介紹本書中必要的土壤與肥料。
依品種所需要的土壤與肥料不同，一定要確認清楚。

🏠 關於本書使用的土壤　本書最需要額外購買的是培養土，在居家用品賣場購買吧！

種蔬菜 · 香草用的培養土

只要有混合各種土的萬能土就 OK

本書使用的土壤是搭配基本用土的種類，亦稱為調節用土，也有混入腐葉土、堆肥等的土（加入基肥者）（依品牌不同，內容也會有所不同）。依配合的品種，培養土的處理方法會不同，請參考各植物介紹。

靈活運用過篩時篩出的粗土

種貝比生菜等小型品種時，依培養土的性質靈活運用。過篩篩出的粗土，可放一些在盆底，取代盆底石。若其上面使用篩出的細土，就很方便。（詳見P.76）

關於土壤的再利用

種過一次的土壤，只要好好經過處理就能再利用。
但遭受病蟲害的植株所用的土壤，則要避免再次利用。

1 清除花盆裡的植株、根部
清除植物枯萎後殘存的植株、根部。將花盆倒扣在報紙等上面，徹底地清除乾淨。

2 裝入塑膠袋
步驟1的土壤裝入透明塑膠袋裡，將空氣壓出來後密封起來。

3 置於日照良好的場所
置於陽台等日照良好的場所一至兩週。這期間要將土翻面幾次，使其平均曬到太陽。藉此進行陽光消毒。

4 在乾淨的花盆再利用
將步驟3換入乾淨的花盆，就能再利用。但已流失必要的肥料、養分，請搭配市售的再生土用肥料。

🏠 關於本書使用的肥料　介紹本書所使用的較容易處理的肥料

液態肥料（液肥）

由於是液體，可讓植物根部的迅速吸收，所以很快就能看到成效。主要是在生長期施予，以便促進生長。通常是與水混合稀釋使用。稀釋比例，依各廠商會有不同，請遵照使用方法。

固態肥料

本書所使用的固態肥料，是種菜時必定用到的基肥。在花盆、花槽中放入泥土時，要先將基肥混入土裡，如此效果才會持久，並有助於蔬菜的生長。

將固態肥料當緩效性的基肥使用

本書中使用的固態肥料，主要是作為種菜時的緩效性基肥使用。栽種幼苗時，固態肥料要混入培養土中，以支持需要花時間生長的蔬菜。

栽培環境

植物依品種，會有喜歡明亮向陽處、喜歡日陰處等不同的特徵。
配合生活環境，選擇栽種的蔬菜、香草很重要。

🏠 打造容易栽培的環境　大部分植物都須要陽光，以下介紹能好好吸收陽光的訣竅。

經常觀察各種植物的曬太陽時機

種蔬菜、香草時，「陽光」是不可欠缺的。室內窗戶的採光、陽光射入的方法會依季節有所不同，考慮陽台的方位，用心在植物的配置上。在陽台栽種時，室外的幅射熱等也需要注意。是否符合栽培者的生活型態，在栽培前就要事先檢視。

適合栽培的環境

OK!
☐ 一天3至4小時是日照的場所
☐ 通氣性良好的場所

- -

NG!
☐ 充滿灰塵的場所
☐ 密閉的空間
☐ 會直接對到空調室外機出風口的場所

與日照時間的關係

陽光會因季節、地域而有不同的日照時間、方向。
為了好好沐浴在日光下，要移動花盆作調整。

比起西曬選擇早上太陽照得到的場所

即使是喜歡陽光的植物，若直接照到過多的陽光，葉子還是會有曬傷、蔫掉的情況。若西曬太久，夜間土壤的溫度會上升，搶奪蔬菜的營養，要移至半日照處作調整。

發芽前以報紙進行遮光對策

從播種到發芽要置於日陰處的嫌光性植物，最簡單製造日陰的方法就是輕輕覆蓋報紙，如此就能保持濕度且遮光。一發芽就移至向陽處。

🏠 通風及病蟲害的預防　保持通風良好，與陽光同樣重要。花點工夫打造最佳的環境吧！

花盆與花盆之間保持間距打造出通風通道

花盆並排時，要有意識地讓植物之間隔出若干距離。藉此打造出通風通道，提升通氣性。夏天葉子和莖會交疊在一起，變得悶熱，尤其要注意。此外，讓植物均勻照到陽光也是一石二鳥。

避免植物間的碰觸以防止病蟲害的威染

只要一株植株生病，就會從葉子之間傳染疾病。葉子混雜在一起的環境，也對植物造成壓力。為讓植物茁壯生長，要隔出間距，並排擺放花盆。

基礎整土與播種

1 將培養土過篩，分出粗土與細土。

2 盆底放入1/3左右的粗土。藉由此一作業，使土不容易從排水孔流出去。

3 在粗土上，放入步驟1過篩的細土到花盆的2/3高度左右。

菊科・繖形花科

散撒播種 1 屬菊科的散葉萵苣、屬繖形花科的香菜等蔬菜，採取小又輕種子的基本播種法。

十字花科

散撒播種 2 芝麻菜、小松菜等屬十字花科的蔬菜，採取小又圓種子的基本播種法。

1 種子不重疊地放在濕潤的土上。若一開始就將土的表面弄得凹凸不平，種子自然就會分散。

2 以湯匙背面將土的表面梳理得平整。這時，不要用力將土壓緊實。

1 濕潤的土表面以竹籤梳理，弄得凹凸不平。藉此讓種子埋入溝裡，變得安穩。

2 種子不重疊地散撒入花盆裡。

3 以湯匙舀泥土，輕輕敲打拿湯匙一手的手腕，使土散落。將種子覆蓋到看不見的程度。

4 以噴水壺澆水，使種子濕潤。要溫柔地澆水，以免種子有所流動。

3 以湯匙從上方輕輕覆蓋泥土，勿從上方壓實泥土。

4 為免種子流動，以噴水壺充分澆水，並覆蓋報紙，以便遮光及預防乾燥。

蔬菜、香草大致依科別作區分,並受種子大小與形狀的影響。
這也是植物能順利發芽的重要程序,請確認清楚適合的播種方法。

Point

4

進行間拔後等,若植株基部鬆動就要增土,使之穩定,因此加入的土要比花盆邊低2cm左右,以便後續補充泥土。

最後澆水到土裡,使土濕潤。充分澆水至水會從花盆底下流漏出來的程度。

藜科

點狀播種

沙拉菠菜、瑞士甜菜等蔬菜,採取稍大種子的基本播種法。

根菜

條狀播種

以花槽種蔬菜時的基本播種法。

1

在濕潤的泥土上,以適當的間距放置種子。

2

以竹籤將種子壓入土中5mm至1cm左右,再覆蓋泥土。

1

以厚紙將花槽表面的土弄平整。

2

以對摺的厚紙劃出深約1cm的溝。

3

覆蓋泥土後,進行梳理,這時不要用力將土壓緊實。

4

以噴水壺溫柔地充分澆水。為避免撒入的種子流動,要小心地進行。

3

種子盛裝在對摺的厚紙上,沿著溝播種種子。

4

覆蓋上溝兩邊的泥土,以噴水壺溫柔地澆水。

幼苗的栽種

想要栽種植物，卻沒自信是否能種得好……可試著從幼苗種起。
不必歷經照顧發芽的階段，所以能夠輕鬆栽培。

🏠 良好幼苗的選法　為易於栽種，選擇較健康的幼苗很重要。

選擇葉、莖長得挺立
具光澤者

葉子枯萎部分少、無害蟲蠶食、沒生病等，以右邊的檢視重點為基準作選擇。不高的幼苗也沒關係，莖較粗壯、挺立者會比較容易栽種，建議選擇這樣的幼苗。此外，每種幼苗的販售時期不一樣。調查清楚栽種時期（進貨時期），不要錯過適當的時機。

幼苗選擇的 Check Point

- □ 植莖粗壯、挺立者
- □ 節與節的間距短者
- □ 植株低矮者
- □ 葉子的顏色深濃，無變色、萎縮者
- □ 植株基部不鬆動、穩定者
- □ 沒有長害蟲者
- □ 葉子沒有蟲咬的痕跡者
- □ 沒生病者
- □ 根部土球飽滿扎實者

🏠 幼苗的栽種方式　根部土球飽滿扎實者要盡快栽種，不過要避開低溫、高溫時候。

1 將種在塑膠盆的幼苗直接放入，調整粗土的分量。想想是否要增土，加入的泥土要加到稍低的位置。

2 事先將土分出粗土與細土，先放入1/3左右的粗土（參考P.76「基礎整土與播種」）

3 將塑膠盆倒扣，從盆下的孔以手指往上頂，取出幼苗。溫柔地取出，以免傷到幼苗。

4 為讓根部容易伸展，根與土結成硬塊時，要溫柔地弄鬆。根部自然鬆開時，就直接栽種。

5 幼苗置於花盆中央，幼苗要呈垂直狀。

6 在幼苗與花盆間添加泥土，固定幼苗。土加好之後，從上方溫柔地按壓使土融合在一起。

7 充分澆水至水從盆底流漏出來的程度。

8 一般會放在廊下等陽光不會直射的半日照處二至三日休養，再移至日照良好的場所。

日常的照顧

因應植物的生長狀態，進行摘除混雜在一起的芽、使日照通風變好的「間拔」，及在植株基部添加泥土的「增土」等照護。

🏠 間拔與增土的作法　只要進行間拔，剩下的植株基部就會有鬆動的情形，請一併進行增土。

注意不要傷到剩下的植株或芽，從根拔除葉子顏色不佳、生長不好的植株。

以手很難拔除時，就以剪刀從植株基部剪掉。

為避免剩下的植株鬆動，要以湯匙增土。不要埋到葉子地補足泥土。輕輕壓平表面後，以噴水壺澆水。

🏠 摘芯的作法　要讓生長順利、葉子數量增加時，就要進行摘芯來增加收穫量。

以剪刀將莖的尖端剪掉10cm左右，使側芽伸展來增加葉子的數量。

經過數日，長出新的側芽、葉子數量增加後，就能收穫很多。

為何要摘芯？

摘芯有讓側芽生長、增加葉子數量，及結實纍纍的作用。尤其大部分的香草如羅勒等的生長旺盛，請摘芯才能不斷增加側芽。若利用這種性質，收穫量就會增加。

須要摘芯的植物

羅勒、紫蘇、薄荷、百里香等

🏠 摘除側芽的作法　種結果實的蔬菜時，為讓更多養分輸往果實，就要摘除多餘的芽。

以手摘除長在主幹與枝之間的芽。藉此使養分能送往長果實的主幹，增加收穫量。

側芽
要趁早摘除

側芽的摘除，要趁側芽還幼嫩時進行。若在生長的初期階段處置，就能不傷到主幹地進行。若植物不斷生長、側芽也長大後，就不容易以手摘除。需要摘除側芽的品種，以小番茄、茄子等長果實的蔬菜為主。

收穫・疏拔

期盼很久的收穫。收穫之後，若繼續好好照顧就能有新的收穫，所以也要事先了解收穫後的維護。

 收穫 好好觀察植物，不要錯過葉子鮮嫩時期進行收穫。

以收穫後的追肥
給土壤補給養分

只要收穫過一次的土壤，養分就會不足。收穫後就要追肥。剩下的莖吸收養分，就會健康地長出芽。

依植物會有不同的收穫時機，但若不收穫、放著不管，就會有葉子變硬、香味變差的情形。圖中是蝦夷蔥。栽種幼苗後經過1個月，就是收穫的時期。

以手、剪刀收穫葉子、果實。收穫時的重點，就是保留根部2至3cm。如此就會從根部再長出新芽和葉子，享受好幾次收穫的樂趣。

疏拔 梅雨前的最繁盛期、過了繁盛期時，為使通風良好、預防悶熱，要進行疏拔。

圖中是百里香。過了繁盛期就會有點枯萎。節與節的間距也拉開，變得沒精神。變成這種狀態的幼苗、梅雨最繁盛期，都要進行疏拔。

修剪茂盛的枝葉，順便收穫。若在高溫多濕的梅雨時期進行，還能防止悶熱。將交錯在一起的枝葉梳理得清爽，通風就會變好。稍微多修剪一些吧！

要長期享用香草，不只要修去古老的枝葉，也要追肥。

如圖，修剪至枝幹與枝幹之間產生空隙、感覺很稀疏也OK。能均勻地照到陽光，才容易栽培。

享用修剪下來的
枝葉的方法

因疏拔而剪下來的香草，只要晾乾就能當乾燥花、作成撲撲莉（Pot Pourri，一罐或一盤的乾燥花草香氛）。將靠近根部的莖上方綁起來後吊掛，放在日照良好的場所，經過一週左右使其乾燥（詳見P.82）。

病蟲害對策

主要的疾病種類　一旦生病，就會枯萎、無法收穫，請注意。

銹病・白銹病

葉片上長小型突起物，這部分裂開後會飛出銹斑般褐色或白色的孢子。若放著不管，就有可能枯萎。

 預防 同一盆裡種好幾株幼苗時，植株間要有距離、保持通風良好。此外，在通風良好的環境栽培也很重要。

對策 摘除生銹病的葉子，不要感染到其他葉子。此外，從種子種起的蔬菜，要勤於進行間拔，香草等以修剪枝葉的方式也有效。

白粉病

葉子表面產生白粉狀物的症狀。這是一種黴菌的感染，不只是葉子，也有可能蔓延到莖。

 預防 在日照及通風良好環境栽培。此外，勤於摘除枯萎的葉子，好好照護也很重要。

 對策 摘除變白的葉子，以免感染到其他葉子。此外，從種子種起的蔬菜，要勤於進行間拔，香草等以修剪枝葉方式也有效。

嵌紋病

葉子、花產生斑紋的疾病。若放著不管，整株幼苗就會有萎縮的情形。

 預防 由於蚜蟲可能是這疾病的媒介，所以一發現就要立刻驅除。

 對策 摘除生嵌紋病的幼苗，不要再利用其周邊的土壤。

枯萎病

原因是土中長黴菌。靠近根部、土壤的莖就會開始腐爛、枯萎的疾病。

 預防 以乾淨的土開始栽種。栽培期間，要在日照與通風良好的環境栽種，花盆的排水要良好。

 對策 摘除受害的植株，產生黴菌的土壤就不要再利用。

主要害蟲的種類　害蟲若放著不管，就會成為蠶食蔬菜，使蔬菜枯萎的天敵。要早期發現，進行驅除。

蚜蟲

多半是春天到秋天，寄生在蔬菜的葉子、新芽為主。會使蔬菜生長緩慢，成為疾病的媒介。

 預防 在通風良好的環境栽種。容易寄生在很多植物上，請勤於檢視。

 對策 一找到就立刻去除。將稀釋的牛奶裝在噴霧器裡噴灑，能有效使蚜蟲窒息。

青蟲

蝶的幼蟲。特徵是容易長在貝比生菜等的葉子上。寄生在葉子的背面，蠶食葉子、莖。

 預防 一旦在葉子背面發現蟲卵，就要盡早在其變幼蟲前，以鑷子、免洗筷等清除。

 對策 一發現就立刻以免洗筷等夾死、清除掉。此外，有很多青蟲的葉子，就要連葉子一起摘除。

鼻涕蟲

夜行性的害蟲。在夜間蠶食葉子、果實、莖，並殘留黏稠的體液。拿到室外的盆栽，要注意。

 預防 盆栽拿到室外時，要讓盆底下通氣性良好。此外，放盆底網也能有效預防其入侵。

 對策 定期檢查花盆底。一旦發現鼻涕蟲，建議鎖定其活動時候（夜間）清除掉。

潛蠅

蒼蠅的一種，幼蟲會蠶食葉子。特徵是當葉子表面出現白色線狀痕跡，就是潛蠅吃了葉子內部的證據。

 預防 購買幼苗時，確認葉子上沒有白色線狀物。在室外栽種時，建議覆蓋防蟲網。

 對策 有白色線狀的痕跡，就要清除受害的葉子。一發現幼蟲就立刻驅除。

黏蟲

甘藍夜蛾的幼蟲。外形長得像青蟲，但是黑色的。屬夜行性，會在夜間蠶食葉子、莖。

 預防 勤於檢查植物，確認是否有被吃的地方。

 對策 多半會潛入植株基部的土壤中，一旦發現就要立刻清除。屬夜行性，請鎖定其夜間活動的時候。

葉蟎

春、秋為主，會長在葉子背面、吸取其汁液的蟲。遭受侵害的葉子會掉色、顏色變泛白。

 預防 喜歡高溫與乾燥。澆水時，經常地清洗葉子的背面。

 對策 一旦發現時，與預防方法一樣，以水清洗。若長有很多葉蟎，就要連葉子一起摘除。

香草的運用與保存

享用香草的香味　試著將香草的好香氣融入生活中。

香草的分類

香草主要可分為「草本類」與「木本類」兩種。配合其各別的特性來活用吧！

草 本類

要用於料理，建議選用「草本類」。不僅能增加料理的風味、增添色彩，也可直接加入新鮮的沙拉。與調味料混合，更能長期享受香草的香味。

香草鹽

舉例 具清涼感、也能消除肉、魚等腥味的奧勒岡。將它乾燥後，以1：1的比例與天然鹽好好混勻，就成為適用於烤肉、炒菜、燉煮料理的香草鹽。

香草油

舉例 咖哩草裝入瓶裡，倒入橄欖油，就能作成香草油。若浸漬時間太久會變苦，所以一泡出咖哩草味道就立刻取出。

香草酒

舉例 將薰衣草花放入紅酒瓶裡浸漬，就能釀出香草酒。若是薰衣草，建議泡白酒，與加了切碎香草的奶油起司很相搭。

也推薦這道料理！

香草雞腿肉

雞腿肉以百里香、鹽、橄欖油浸漬後，以平底鍋煎成香草雞腿肉，就能品嚐清爽不油膩的味道。

木 本類

「木本類」的特徵，是可享用到純粹的香味與花，也常運用於香氛。味道芬芳的香草，不但能撫慰疲累的心靈與身體，還能給人片刻愉悅的心情。

香囊散發出好香氣

將浸染過香氛的棉布與乾燥的香草裝入小布袋裡，就能作出常溫下也能享用的香囊。

放入浴缸，放鬆心情

將迷迭香等具芬芳味道的乾燥香草，裝入布袋或濾水網裡，讓它飄浮在浴缸上，香氣就會擴散到整間浴室。想要更加放鬆時，推薦這麼作。

作成漂亮的裝飾

將晾乾的尤加利葉等，搭配相框、掛在牆上的花環，設計成裝飾品。如此除了當作天然的設計點子很有趣之外，也能發揮屋內除臭的作用。

也推薦這做法！

隨身享用香氛

將香草煮過、蒸過後放涼製出香草水。將它噴灑在手帕上，隨身攜帶外出散步，就能隨時享用香氛。

香草的豐富香味，除了具有緩和焦躁不安的鎮靜作用之外，還有殺菌、防腐、抗菌、防蟲等作用。
以下介紹香草的運用與保存。若好好活用於各種場景，就能具體感受到香草的力量。

🏠 活用香草的殺菌力　　將具抗菌‧殺菌作用及防腐、防蟲作用的香草，運用在各種情況。

廚房

工具的殺菌‧消毒

將具殺菌作用的香草乾燥後磨成粉末，與清潔劑混勻後用來清洗，就能徹底清除在意的肉、魚殘留的腥味。百里香對魚腥味、迷迭香對肉羶味有效。當然可清洗切菜板、菜刀，手上有味道時也適用。

家庭菜園的消除病蟲害

保護其他植物遠離病蟲害

具強烈香氣的薄荷、薰衣草等香草，具防蟲作用。一個容器裡種數種植物的共生植栽中，只要加入香草，就能有效保護其他植物遠離病蟲害。熬煮迷迭香等香草，放涼後散灑在作物上，就能取代農藥使用。

玄關的除臭

放在鞋櫃裡消除異味

利用鼠尾草、薰衣草的抗菌‧殺菌作用，能去除鞋子或鞋櫃的異味。只要將數片的鼠尾草葉，或數枝的薰衣草（任何一種都OK）放入鞋櫃裡。香草裝在撲撲莉用的袋子直接放入鞋裡，也可吊掛著。去除異味的同時，玄關也會充滿清新的味道。

🏠 香草的保存法　　要用完大量收穫的香草很費事，好好保存就能長期享用。

自然乾燥法

保存方法

最正統的香草保存法。將收穫的香草1小把綑成1束，吊掛在通風良好的日陰處晾乾。也可以不重疊地攤平，使之乾燥。

乾燥中也可當裝飾

主要適用於
薰衣草、天竺葵等。

保存期間　不到1年

〔注意〕
若有水分容易長黴，要使之完全乾燥。

強制乾燥法

利用烘乾機的熱風或微波爐的餘熱等，在短時間內乾燥的方法。用烘乾機時，若使用洗衣網等就能防止葉子的飛散。

乾燥後，可吊掛消除屋內的異味等

主要適用於
薰衣草、百里香、迷迭香等

保存期間　不到1年

〔注意〕
藉由高溫乾燥，請注意避免香草燒焦。

其他保存法

多摘下來的香草，以水弄濕後，裹捲在廚房紙巾裡包起來，放入夾鍊保鮮袋裡，就可保存在冰箱。

當新鮮香草食用時

主要適用於
羅勒、薄荷、芫荽等。

保存期間　約3日

〔注意〕
至少在1週內要用完（依香草有不同情形）。

這時要怎麼處理呢？
廚房&陽台菜園Q&A

以下將以Q&A形式介紹栽培蔬菜時，會直接面臨的各種煩惱、問題及對應處置方法。若有任何不解或困擾時，不妨參考看看。

栽培的一般問題

Q1 能夠只靠室內光線栽培嗎？

A：只靠日光燈、電燈等室內光線無法充分栽培。盡可能在明亮的窗邊、陽台等陽光充足的場所栽培。若無適當的場所，種在小型容器裡，依特定時間移至日照良好的場所，也是方法之一。不喜歡盛夏強烈陽光的蔬菜，就要放在陽光會透過窗簾等不會直射的場所。

Q2 若維持不了發芽適溫、生長適溫就無法栽種？

A：蔬菜有不同的適當栽培時期＝「生長期」。不耐寒冷的蔬菜，硬要在冬天栽培，當然無法好好生長。維持不了發芽適溫、生長適溫也不是絕對不行，但若在非適溫時期播種，就會有發芽率下降、無法好好發芽的情況。所以還是選擇適溫的蔬菜來栽種吧！

Q3 該選什麼樣的土壤好呢？

A：在蔬菜的栽培上，具備通氣性、保肥性、保水性三項條件的土壤最適合。土壤的種類繁多，絕不是一種土壤就具備上述的三項條件，請自行製作或使用事先以好幾種土搭配在一起的培養土。儘管自行製作很有樂趣，但往往很難取得均衡的養分。最輕鬆的方式就是使用市售的培養土。新手可在居家用品店或園藝店購買。由於培養土也有種類之分，請務必選擇蔬菜專用的產品。

Q4 有推薦的肥料嗎？

A：肥料有固態肥料和液態肥料（液肥）之分。液肥的特徵是容易滲入土裡、即效性高，推薦用於葉菜類等栽培期間短的蔬菜。一般都是要以水稀釋的類型，所以施予液肥可取代澆水。以水稀釋時，基本上請遵照規定的稀釋比例。固態肥料則分為經過長時間才慢慢顯現效果的緩效型和速效型兩種。通常事先混在土裡的「基肥」是使用緩效型的，而放在土表面上慢慢融入土中的「置肥」則是使用速效型的。大部分的培養土都有加基肥，若沒有加就可混入固態肥料使用。

貝比生菜

Q5 不容易發芽時，該怎麼辦才好？

A：播種的種子不會全部都發芽。請參考種子包裝上記述的發芽適溫、發芽率，或試著調整一下發芽必要的溫度、環境。此外，也請回想一下，播種前土壤是否有充分澆水，或者是否栽種到老舊種子、播種後土壤的覆蓋方式等。若是發芽時須要光線的「好光性種子」，播種後若覆土過多就不會發芽。貝比生菜通常經過一週到十天左右就會發芽，若一直沒發芽就要好好觀察情況，再次挑戰看看。

Q6 貝比生菜與普通蔬菜的種子不一樣嗎？

A：普通尺寸的蔬菜，就是直接從幼嫩的子葉（貝比生菜）培養長大時收穫的。此外，貝比生菜種子的特徵是被改良成子葉不會長得太大、收穫期間只要短短的三週至一個月。推薦新手種菜時，從不會長得太大、收穫期間短的貝比生菜種起。

Q7 為什麼要使用噴水壺澆水？

A：灑水器的水勢太強，會使種子流動、分布不勻，或使冒出芽的嫩芽埋入土裡，若使用噴水壺可避免這樣的狀況，且能將水充分澆在貝比生菜幼小嫩芽的植株基部。但請不要太勤於澆水，當土變乾燥時，才需要充分澆水至水會從容器底流出來的程度。

Q8 剛發芽的嫩芽瘦弱不穩？

A：這是稱為「徒長」的狀態。只要日照不足、水分過度不足，就會導致冒出的嫩芽長得細長不穩。這時要間拔掉徒長的芽，留下健壯的嫩芽。間拔下來的芽也不要丟掉，可用來作菜，當湯的浮料或沙拉的裝飾。

Q9 一旦置於窗邊，葉子就蔫弱了？

A：很多人都想要在曬得到很多陽光的窗邊栽培，但若植物白天都曝曬在強烈陽光下，就會有葉子曬傷、土變乾巴巴的情形。葉子蔫弱、沒精神時，請充分澆水至水會從容器底流出來的程度。這時，若澆水過於猛烈，幼芽就會傾

倒或蔫弱，葉子沾到泥土而變得容易生病，請注意。澆水後，置於通風良好的日陰處。兩至三小時後，如果葉子復原了就沒關係。

Q10 葉子的顏色變了，是什麼原因？

A：葉子的顏色變淡時，或許是肥料不足。請施予液肥取代澆水後，觀察其狀況。一旦發現葉子有變色、長黴、萎縮等時，就要考慮生病的可能性。將它搬離其他花盆後，剪掉出現損傷的葉子，以免病情擴大。植物只要通風、日照不佳就容易生病，所以重新檢視放置場所等栽培環境吧！

香草

Q11 香草可從種子種起嗎？新手也容易種的香草是什麼？

A：當然可以。一般園藝店就能買到種子，請務必挑戰看看。最好從4月後半到初夏就開始栽種，避開嚴熱的盛夏、寒冬。不過，薰衣草等要花一年時間才會發芽的香草，最好是從幼苗種起。

Q12 聽說在梅雨時期很難栽培香草？

A：原產地在夏天乾燥的地中海沿岸、歐洲的香草，多半都無法適應日本梅雨時的高溫多濕。不過，只要花點心思，梅雨時期也能享受種香草的樂趣。可採行盡量保持通風良好，讓植株基部曬太陽，勤於修剪枝葉順便採收，保持花盆之間的間距等對策。迷迭香、薰衣草、百里香等喜歡乾燥的香草就謹慎地澆水、盡量放在濕氣少之處。

Q13 夏天時將種香草的花盆搬到屋外也沒關係嗎？

A：若要搬到屋外，就要打造出通風良好的涼爽環境。陽台等是水泥地板時，就鋪漏水板、磚塊等，再放上花盆才能確保通氣性。也要考慮到遮陽，避免陽光直射、西曬等問題。夏天的澆水要在早晚涼爽的時間進行。若在大太陽下澆水，水變溫水就會傷到葉子、莖。即使是室內，若直接放在窗邊直射到陽光，依香草的種類也會有過於乾燥的可能。此時，請不要忘了拉上窗簾。

Q14 若在冬天種香草，放在哪裡好呢？

A：羅勒、尤加利、咖哩草、玫瑰天竺葵等，不耐寒冷的香草就要在室內過冬。即便是耐寒、可在戶外過冬的香草，也要放在屋簷下等不會淋到雨、遭受霜雪之處。晴天時，則要拿到屋外日照良好處，健康地栽培。

Q15 想要挑戰混種植物，但有適合混種的香草、不適合混種的香草嗎？

A：一個容器裡種好幾種香草，外觀看起來也華麗，即便是小空間，也能享有很多的香草。該如何搭配組合，要看放置場所的寬廣程度與容器的尺寸，若是廚房周邊，推薦香芹×芝麻菜、芫荽×散葉萵苣等。繁殖力強的薄荷類，會與一起種的植物交配而失去原有的香草形式與香味等特性，所以不適合混種。此外，迷迭香、鼠尾草、薰衣草等會成長為低矮樹木的香草，則建議分別種在不同花盆裡，以擺在一起的方式栽培。

Q16 葉子上長蟲了。該怎麼辦才好？

A：請隨時發現就馬上清除。芽蟲只要噴稀釋的牛奶與木酢，就能使其窒息。一旦發現蟲卵般的東西，就要連葉子一起剪掉。除此之外，還會有青蟲、蝗蟲，及在夜晚出現的鼻涕蟲、黏蟲等來囓食葉子、嫩芽。害蟲不只是囓食蔬菜，還會有使病毒性疾病擴散的危險。若很在意，也可利用市售以天然成分為主的藥劑。

芽菜

Q17 芽菜長得不好，是什麼原因呢？

A：栽培上不需要費太多力氣的芽菜，還是要注意溫度與水的管理。如果溫度的變化激烈，生長就會變差，所以直至發芽的兩至三日期間，一定要盡可能放在能保持一定溫度的場所。順便提一下，芽菜的發芽溫度是18至20℃。秋天至春天是栽培適當時期。發芽後，為免水變臭，請每天換水。尤其是夏天的高溫期，水容易變臭，不要忘了換水。

Q18 生長途中會有很重的味道。該怎麼辦？

A：或許是殘存在容器裡的水開始變臭。只要留有沒發芽的種子或種子外殼，水就容易變臭，也有可能造成根腐。若是已經長滿根的狀態，就從容器邊端慢慢加入後沖掉舊水及多餘的廢物。高溫期，雜菌容易繁殖，水也容易變臭。請每天換水，用心地清潔容器、脫脂棉。栽培芽菜，最好避開盛夏時期。

Q19 收穫了的芽菜種子殼、黏液，可以不作任何處理嗎？

A：種子外殼直接吃掉也不會有害處，但黏液就一定要以水充分清洗後才拿來作菜。芽菜保留根部2cm左右，以剪刀整把剪下來收穫，放入裝水的盆中溫柔搖晃，就能晃掉種子的外殼，抓著葉尖的一方沖水，好好洗掉在根部的種子外殼。

Q20 使用過一次的容器能再次使用嗎？

A：是的，可以。但容器一定要煮沸消毒後再使用。使用剛買回來的容器時，也要事先煮沸消毒。

菇類

Q21 採收的菇類用來作菜時，洗過會比較好嗎？

A：菇類以水洗過，口感會變差，香味也會散失，所以基本上是不用洗直接烹調。若是香菇，將菇傘部分很快擦乾淨就可以。若擔心不夠乾淨，就請洗過後立刻烹調。

Q22 太空包栽培的菇類，只能收穫一次嗎？隔年還能使用嗎？

A：能栽培的次數，依廠商會有不同，一般只要符合時期，就可收穫二至三次。但隔年也要栽培就很困難。栽培的適溫是5至20℃，所以春天與秋天是栽培適當時期。冬天放在夜間溫度能保持在5至10℃的場所吧！最好避開盛夏的時候。此外，裝有太空包的箱子，若沒打開放著不管，菇類就會在箱子裡生長。購買後要盡早確認箱子內容，在適當時期開始栽培。

其他

Q23 肥料包裝袋、容器上標示著「N、P、K」，是什麼意思呢？

A：代表肥料的成分，氮（N）、磷（P）、鉀（K）。氮是植物枝葉生長上不可欠缺的成分。若氮不足，葉子就會變淡黃綠色，若氮太多，莖就會瘦弱地徒長。磷有助於開花、結果實，使根充分伸展。鉀具有促進光合作用，使果實長得壯碩的作用。任一種都是植物生長上必要的重要成分。

Q24 使用過的土能再利用嗎？

A：用過一次的土壤，植物生長上必要的養分、微生物就會減少，也不均衡。若加入市售的土壤改良材料、再生利用材料，就能再循環利用。園藝店、居家用品店等有販售土壤改良材料，請充分閱讀包裝上的說明後使用。不過，還是建議購買新的土壤使用，較能種出好的蔬菜。

《廚房＆陽台都OK・自然栽培的迷你農場》用語集

名稱	意思
秋天栽種	在秋天栽種種子、幼苗。大部分植物適合生長的時期，所以秋天是適合的栽種時期。
育苗	播種至長出幼苗的其間。
移植	植物持續成長後，花盆尺寸變得容納不下時，就要移至大的花盆。
栽種	將幼苗種入土裡。
液肥	液態肥料的簡稱。多半是要以水稀釋原液的類型。由於容易立刻出現施肥的效果，大多用於追肥。
置肥	將固態肥料置於植株基部的追肥。
分株	將地底下增加的根切開分割，以增加植株。
疏拔	將伸展的枝、莖修短。藉由修剪變老的枝、莖，促進新的枝、莖的生長。
結球	高麗菜、萵苣等，葉片裹捲成球狀者。紅萵苣等稍微捲葉的狀態，稱為半結球。
嫌光性種子	照到光線狀態下，發芽受到抑制的種子。播種後，一定要覆蓋泥土。
光合作用	從陽光、水、二氧化碳合成有機物的過程。
好光性種子	靠光促進發芽的種子。播種後，不覆蓋泥土，但要薄鋪一層土。例如，散葉萵苣等。
固態肥料	呈顆粒狀類的肥料。主要在種菜時當作緩效性的基肥、置肥使用。
共生植物	將不同種類植物種在一起，互相帶來良好影響的植物。
直接播種	將種子直接撒在花槽、田裡。用於不喜歡移植、種子大的植物（豆類等）。
人工授粉	藉由人的手，將植物花粉傳送到柱頭上，進行授粉。
條狀播種	一條條播種的方式。
生長期	葉、莖、根等最旺盛生長的時期。本書中是指栽培本葉的時期。
生長適溫	適合植物生長的溫度。
耐寒性	充分耐低溫的性質。
直立性	莖、蔓藤往上挺直伸展的性質。
多年生植物	能持續兩年以上栽培的植物。能夠過冬的植物。
追肥	在植物生長途中施予的肥料。貝比生菜會使用立即見效的液肥等。
花土鏟	用於種植幼苗的工具。不會將土撒出，容易將土填滿幼苗、花盆的間隙。若有不同尺寸大小，會很方便。
培土	間拔之後，將花盆中的土加到植株基部。
摘芯	以手摘取莖的尖端，或以剪刀剪下。以便栽培側芽、增加葉子數量，或避免植株長太高。
點狀播種	在一定的間隔分別播種兩至三顆種子的方法。
長硬梗	葉菜等生出花芽的狀態。梗變長後就開花。一旦梗變長，味道會變差，植株也衰弱。
徒長	枝與莖長得細長、瘦弱。原因通常是日光不足等。

在說明栽培過程時，出現很多不常聽過的專門用語。
以下表彙整這些基礎的用語，請配合活用。

名稱	意思
根腐	當花盆中的泥土排水不佳，根部無法呼吸就會腐爛。
根長滿盆	根部長滿整個花盆，已沒有伸展餘地的狀態。就要換成較大的花盆。
培養土	事先均衡調配好種菜時必要的土與肥料的市售土壤。
蓮蓬頭	灑水壺上蓮蓬頭般的灑水口。選擇能拆下來的會很方便。
盆底網	鋪在花盆底部的網子。
發芽	播種後的冒芽。
發芽適溫	適合種子發芽的溫度。
花芽	一旦生長就會變成花的芽。主要食用葉子、生菜的香草，長花芽就是長硬梗，一旦開花，葉子就會變老，香味減淡。
葉子灑水	往盆栽植物的葉子上灑水。滋潤蔫掉的葉子，並清除灰塵髒污。此外，可預防乾燥時常發生的葉蟎。
散撒播種	整體均一地播種的方法。
春天栽種	在春天種植種子、幼苗。由於春天是適合大部分植物的生長期，所以在此段適當時期栽種者，就稱為春天栽種。
半日照	不會直接照到陽光，但能照到從樹枝間陽光的陰涼之處。本書是指有陽光穿透窗簾的明亮窗邊。
覆土	播種後，覆蓋泥土的方式。亦指所覆蓋的土。
子葉	發芽後最初冒出的葉子。
貝比生菜	發芽後十至三十日的嫩蔬菜葉的總稱。葉子很柔嫩，常用於沙拉。
塑膠盆	塑膠製的育苗用容器。最近，也有能直接種到土裡的紙製盆，或植物源的環保盆。
匍匐性	莖、藤蔓，在地面上攀爬伸展的性質。
本葉	子葉之後冒出的葉子。即植物本身的葉子。
增土	間拔之後等，在植株基部添加新的土。
間拔	播種後，因應生長，要拔除或以剪刀剪下混雜在一起的嫩芽，使日照、通風變良好。
間拔菜	將葉菜間拔下來或剪下來的嫩芽，能用來綴飾味噌湯等。
無農藥	不使用農藥栽種、收穫農作物。
除芽	希望生長良好或想減少枝枒的數量時，摘掉不須要的芽。也稱為除側芽。
基肥	播種、定植時，事先施予的肥料。大部分的培養土都含有基肥。
誘導	將植物的莖綁在支柱等上，誘導其生長。多半用於蔓性植物。
共生盆栽	好幾個花盆擺放在一起，整體構成協調的色彩、香味等。與共生植物不同，也容易替換幼苗。
綠化	在植物的生長過程中，沐浴陽光後葉子、幼芽的顏色變綠色。
側芽	莖尖端以外的芽，多半長在葉子的基部。

結語

栽培蔬菜時，最重要的就是「充分觀察」。即使是同一品種，也會因放置場所、栽培季節、生活型態的變化，導致生長的情況有所差異。「不會每次都相同」正是種菜有趣之處。今天覺得哪裡不太對勁？因為懷疑泥土變乾燥了，而觸摸看看，或移至有日照溫暖的場所……每天觀察蔬菜的成長的模樣，配合狀況用心呵護吧！

話雖如此，但栽培蔬菜免不了會失敗。例如，連續好一陣子天氣不佳；太忙忘了澆水；水澆太多導致根腐……但即使栽培不順利，也不要意志消沉。若是十字花科蔬菜可將嫩葉摘下，當下酒菜；若是香草葉就乾燥後，用來增添料理風味等，充分享用栽培出來的生命吧！

在栽培過程中，看到冒出小小的子葉時，藤蔓迅速地伸展、開出可愛的花芽時，也常常會因為蔬菜可愛的模樣而受到鼓舞。即使外觀長得不好看，剛採摘的葉子，香味十足，自己種的菜就是美味。即使會因為栽培情況不如預期而焦慮不安，但藉由栽培蔬菜，生活中就會出現幹勁，進而產生「真的很有趣」的積極心情。

若是第一次栽種蔬菜，可試著從比較容易栽培的貝比生菜栽培起。例如，栽培小松菜、芝麻菜等的嫩葉，最令人高興的就是從播種至收穫期間，很快就能看到成果。以小型容器就能開始栽培，看著它們每天茁壯生長，自然就會湧現出「還要繼續種種看」的心情。

若能以本書為契機，使你享受到種菜的樂趣，在日常生活中享受季節感，及品嚐當令食材，我將深感榮幸。

伊嶋まどか

監修
伊嶋まどか　Madoka Ishima
蔬菜生活設計師。漢方設計師・養生藥膳諮詢師。透過編輯、採訪、旅行，學習食材的趣味、蔬菜的魅力。目前，亦執行納入藥膳、漢方思維的 Workshop。著有《從今天起！在家種杯子蔬菜》（學研 Publishing）
生活出版物與 Workshop【atelier HARU：G】代表
atelier HARU：G　http://halu-g.jp

| 自然綠生活 | 24

廚房&陽台都OK‧自然栽培的迷你農場

授　　權／Boutique 社
譯　　者／夏淑怡
發 行 人／詹慶和
總 編 輯／蔡麗玲
執行編輯／劉蕙寧
特約編輯／莊雅雯
編　　輯／蔡毓玲‧黃璟安‧陳姿伶‧李宛真
執行美編／韓欣恬‧周盈汝
美術編輯／陳麗娜
內頁排版／造極
出 版 者／噴泉文化館
發 行 者／悅智文化事業有限公司
郵政劃撥帳號／19452608
戶　　名／悅智文化事業有限公司
地　　址／新北市板橋區板新路 206 號 3 樓
電子信箱／elegant.books@msa.hinet.net
電　　話／(02)8952-4078
傳　　真／(02)8952-4084

2018 年 8 月初版一刷　定價 380 元

Boutique Mook No.1283
KITCHEN & VERANDA SAIEN
© 2016 Boutique-sha, Inc.
All rights reserved.
Original Japanese edition published in Japan by BOUTIQUE-SHA.
Chinese (in complex character) translation rights arranged with
BOUTIQUE-SHA
through Keio Cultural Enterprise Co., Ltd., New Taipei City, Taipei

經銷／易可數位行銷股份有限公司
地址／新北市新店區寶橋路 235 巷 6 弄 3 號 5 樓
電話／(02)8911-0825
傳真／(02)8911-0801

國家圖書館出版品預行編目 (CIP) 資料

廚房 & 陽 台 都 OK‧自 然 栽 培 的 迷 你 農 場 /
Boutique 社授權；夏淑怡譯 . -- 初版 . – 新北市：
噴泉文化館出版 , 2018.8
　　面；　公分 . -- (自然綠生活；24)
ISBN978-986-96472-6-7 (平裝)
1. 蔬菜 2. 栽培

435.2　　　　　　　　　　　　　　　　107012555

STAFF

編輯統籌　福田佳亮‧丸山亮平
監修　伊嶋まどか（atelier HARU：G）
編輯　西澤実沙子（STUDIO DUNK）
執筆　北村知子（株式會社 career mam）
設計　橘 奈緒
攝影　奧村暢欣‧宇賀神善之（STUDIO DUNK）‧atelier HARU：G‧中原採種廠
協力　青木悅子‧大畑阿弥‧西岡恭子（株式會社 career mam）

以青翠迷人的綠意
妝點悠然居家

自然綠生活01
從陽台到餐桌的迷你菜園
授權：BOUTIQUE-SHA
定價 300元
23×26公分・104頁・彩色

自然綠生活02
懶人最愛的
多肉植物&仙人掌
作者：松山美紗
定價 320元
21×26cm・96頁・彩色

自然綠生活03
Deco Room with Plants
人氣園藝師打造的綠意&
野趣交織の創意生活空間
作者：川本諭
定價 450元
19×24cm・112頁・彩色

自然綠生活04
配色×盆器×多肉屬性
園藝職人の多肉植物組盆筆記
作者：黑田健太郎
定價 480元
19×26cm・160頁・彩色

自然綠生活05
雜貨×花與綠的自然家生活
香草・多肉・草花・觀葉植
物的室內&庭園搭配布置訣竅
作者：成美堂出版編輯部
定價 450元
21×26cm・128頁・彩色

自然綠生活06
陽台菜園聖經
有機栽培81種蔬果，
在家當個快樂的盆栽小農！
作者：木村正典
定價 480元
21×26cm・224頁・彩色

自然綠生活07
紐約森呼吸・
愛上綠意圍繞的創意空間
作者：川本諭
定價 450元
19×24公分・114頁・彩色

自然綠生活08
小陽台の果菜園&香草園
從種子到餐桌，食在好安心！
作者：藤田智
定價 380元
21×26公分・104頁・彩色

自然綠生活09
懶人植物新寵
空氣鳳梨栽培圖鑑
作者：藤川史雄
定價 380元
17.4×21公分・128頁・彩色

自然綠生活10
迷你水草造景×生態瓶の
入門實例書
作者：田畑哲生
定價 320元
21×26公分・80頁・彩色

自然綠生活11
可愛無極限・
桌上型多肉迷你花園
作者：Inter Plants Net
定價 380元
18×24公分・96頁・彩色

自然綠生活12
sol×solの懶人花園・與多肉
植物一起共度的好時光
作者：松山美紗
定價 380元
21×26 cm・96頁・彩色

自然綠生活13
黑田園藝植栽密技大公開：
一盆就好可愛的多肉組盆
NOTE
作者：黑田健太郎・栄福綾子
定價 480元
19×26cm・104頁・彩色

自然綠生活14
多肉×仙人掌迷你造景花園
作者：松山美紗
定價 380元
21×26 cm・104頁・彩色

自然綠生活15
初學者的多肉植物&仙人掌
日常好時光
授權：NHK出版
定價 350元
21×26 cm・112頁・彩色

自然綠生活16
美式個性風×綠植栽空間設
計：人氣園藝師的生活綠藝
城市紀行
作者：川本諭
定價 450元
19×24cm・112頁・彩色

自然綠生活17
在11F-2的小花園玩多肉的
365日
作者：Claire
定價 420元
19×24 cm・136頁・彩色

自然綠生活18
以綠意相伴的生活提案：
把綠色植物融入日常過愜
意生活
授權：主婦之友社
定價 380元
18.2×24.7 cm・104頁・彩色

自然綠生活19
初學者也OK的森林原野系
草花小植栽
作者：砂森
定價 380元
21×26 cm・80頁・彩色

自然綠生活20
從日照條件了解植物特性：
多年生草本植物栽培書
作者：小黑晃
定價 480元
21×26 cm・160頁・彩色

自然綠生活21
陽臺盆栽小菜園：自種・自
摘・自然食在
授權：NHK出版
定價 380元
21×26 cm・120頁・彩色

自然綠生活22
室內觀葉植物精選特集：理
想家居，就從栽栽開始！
作者：TRANSHIP
定價 450元
19×26 cm・136頁・彩色

漫步四季之彩的花草綠庭
花木植栽×景觀設計×雜貨布置，打造獨一無二的園藝空間

綠庭美學01
木工&造景・綠意的庭園DIY
授權：BOUTIQUE-SHA
定價：380元
21×26公分・128頁・彩色

綠庭美學02
自然風庭園設計BOOK
設計人必讀！
花木×雜貨演繹空間氛圍
授權：MUSASHI BOOKS
定價：450元
21×26公分・120頁・彩色

綠庭美學03
我的第一本花草園藝書
作者：黑田健太郎
定價：450元
21×26 cm・136頁・彩色

綠庭美學04
雜貨×植物の綠意角落設計BOOK
授權：MUSASHI BOOKS
定價：450元
21×26 cm・120頁・彩色

花草集01
最愛的花草日常
有花有草就幸福的365日
作者：增田由希子
定價：240元
14.8×14.8公分・104頁・彩色